NF文庫
ノンフィクション

日本陸軍の大砲

戦場を制するさまざまな方策

高橋 昇

潮書房光人社

日本陸軍の大砲——目次

日本陸軍の大砲

戦場を制するさまざまな方策

二十八センチ榴弾砲

●旅順攻略に貢献した日本本土の対軍艦用沿岸砲

日露両軍衝突す

明治三十七年二月、日本はロシアに対し宣戦布告した。日本とロシアは外交交渉で話し合ってきたが、ついにお互いの意見が一致せず、開戦への道となってしまった。

戦争は旅順港内の艦隊襲撃にはじまり九連城の攻撃、第一回旅順港閉鎖作戦へと進み、日本軍は大きな勝利を得たのである。

同年六月、いよいよ旅順包囲作戦をとるため乃木希典大将のひきいる第三軍が上陸、ここから第一回の旅順総攻撃が行なわれることになっていく。

当時、旅順におけるロシア軍の編成はどのようなものであったかを見てみよう。

開戦当時ロシア軍の兵力は、東部シベリア狙撃兵第四師団、同第七師団「ウェルフネウチンスク」騎兵中隊、関東要塞砲兵隊、その他関東工兵中隊、旅順要塞地雷中隊などであった。

これをロシアの関東軍司令官ステッセル中将が統率していた。またその下には、旅順要塞司令官スミルノフ中将が配置されていた。

また旅順港の敵の海軍は、ロシアの精鋭を集めた戦艦、巡洋艦各七隻、砲艦四隻、駆逐艦一八隻で、初めの司令官スタルク中将は次のマカロフ中将と交替になって艦隊をひきい、ロシア東洋艦隊の根拠地として威力を誇っていた。

開戦当時、旅順ロシア陸軍の配置は次のようなものであった。

歩兵連隊　東部シベリア狙撃歩兵第四師団

第三旅団　第九連隊　二〇〇〇人
　　　　　第十連隊　二〇〇〇人
　　　　　第十一連隊　二〇〇〇人
　　　　　第十二連隊　二〇〇〇人
第七旅団　第二十五連隊　二〇〇〇人
　　　　　第二十六連隊　二〇〇〇人
　　　　　第二十七連隊　二〇〇〇人
　　　　　第二十八連隊　二〇〇〇人

このうち第七旅団は、第二十六連隊を残して他の三個連隊は全部遼東半島沿岸や、鴨緑江沿岸の守備に回されていた。

砲兵　東部シベリア砲兵大隊のうち二個中隊　六〇〇人
　　　旅順要塞砲兵一個連隊　二四〇〇人
工兵　東部シベリア工兵大隊　一〇〇〇人
　　　関東州工兵中隊一個中隊　三〇〇人
騎兵　ザバイカル・コサックのウェルフネチンクス騎兵一個中隊　一五〇人
陸軍水雷隊　旅順水雷敷設中隊　二〇〇人

犠牲を出した第一回攻撃

攻撃の始めは、第三軍司令官乃木大将が着々と地歩を拡大しつつ明治三十七年八月、いよいよ旅順の前面に達した。敵の防備状態を見ると多少の損害を覚悟の上で強襲することを決定した。

当時の形勢はバルチック艦隊の東航ということもあり、早く旅順が落ちなければ海軍が全力をその方に向けることが難しく、また北方にクロパトキンの主力が日に日に兵力を増強するという状況でもあったので、陸海軍はもちろんのこと、内地でも旅順の攻略については非常な関心をもって見られていたのである。

このことから第三軍は断然強襲してこれを占領しようと決心し、東北正面の二龍山堡塁から東鶏冠山砲台にいたる間より攻撃を行なうことになった。第一師団は松樹山以西、第九師団はその左につらなる東鶏冠山北堡塁まで、第十一師団はその左にある前面の敵を攻撃することとなった。

当時、旅順要塞の砲台防備状態は、海正面の諸砲台はほとんど完成していたが、陸正面の方はまた未完成のものが多くみられたが、ロシア軍も状況を判断し、未完成の所を急いで補修し、出来上がった防御線は、西は南太陽溝付近から案子山、椅子山、松樹山、二龍山、盤龍山および東鶏冠山を経て白銀山に至る間であった。なおこれらの山々の中腹には、散兵壕をめぐらし、一連の鉄条網を張り、とくに椅子山から東鶏冠山に至る間には電流鉄条網を設備するなど、また各高地には臨時堡塁や砲台を設けていた。

陸正面の火砲は約一〇〇門であったが、その後軍艦や海正面の砲台からも火砲を移し、八月には約二〇〇門に増加して日本軍を待ちかまえていたのである。

こうしたロシア軍の装備に対し、陸軍も旅順攻撃のため、あらん限りの攻城火砲を投入したのだが、当時日本には攻城火砲がはなはだ少なかった。日本から旅順の正面攻撃に配置した攻城砲部隊の数は三三個中隊で、これを砲種砲数でいうと、十二センチおよび十五センチ榴弾砲、十二センチおよび十センチ半加農砲、十二センチと九センチ臼砲計一七四門であった。

しかもこのうち、新式なのは十二および十五センチ榴弾砲、十センチ半加農砲合せて四八門だけで、他は旧式な火砲が多く見られた。

第一回の総攻撃はまず攻城砲兵が二昼夜にわたり砲撃を実施し、その後歩兵の攻撃前進となったが、砲撃は八月十九日朝から翌々日二十一日の朝まで続き、その結果よく敵の堡塁砲台を破壊したと信じて、軍司令官以下各部隊全部が非常な意気ごみで前進し、二十一日の夜一斉に突撃を行なった。

しかし、実際には日本軍の砲撃の成果ははなはだ微弱で、敵の堡塁砲台の掩蔽部は破壊されていず、そこに隠れていたロシアの守備隊から猛烈な抵抗を受けた。日本軍の中には敵の砲台に飛びこんで一部を奪取したもの、あるいは堡塁砲台の中間地点より敵陣深く突入したものもいたが、翌二十二日夕方からロシア軍の機関銃による側防射撃を受けて死傷者が続出し、二十三日には最前線の生き残りも後退しなければならず、ここに第一回の総攻撃はまったく失敗に終わってしまった。

一方、ロシア側では、旅順要塞司令官ステッセル中将は、この夜日本軍が盤龍山東堡塁に兵力を集結しつつあるとの情報を事前に察知していた。そこで臼砲二門を旧囲壁付近に急遽配置させていた。また名将コンドラチェンコ少将も東鶏冠山第二堡塁、二龍山、盤龍山第一、第二砲台に砲を据えて待機を命じた。さらに「警戒を厳重にして日本軍の虎頭山付近の突破に備えよ」と注意をうながし、劉家溝砲台付近に散兵壕を構築させていた。

まさに準備万端を整えて、日本軍の来襲を待っていたのである。

沿岸用火砲の転用

第一回の攻撃結果が失敗に終わったのと、ロシアの要塞堡塁が予想以上に強固なものと判断したため、その破壊攻撃に日本内地の要塞に配備している二十八センチ榴弾砲を攻城砲として使おうという意見が現地からあがった。

日本にある要塞重砲を外して、旅順要塞攻撃に使用する発想は、開戦前に由比光衛少佐が主張したのだったが、当時は十二センチ野砲でさえも、戦いが終わるまで陣地変換もしないという運用思想であり、巨大な二十八センチ榴弾砲を内地から戦地へ移動して使用するなど考えもされなかった。

ところが第一回の総攻撃で、要塞陣地が非常に強固なものであることが判明した。そこで陸軍技術審査部長有坂成章少将は、研究の結果一メートル五〇センチもの厚さのベトンを破壊するには、口径二十二センチ以上の火砲が必要であるという結論に達し、旅順要塞を攻略するためには、二十八センチの榴弾砲が最適であると判断した。そしてさらに検討した結果、この攻城砲こそ旅順を落とし入れることが可能であるという結論を得たのである。

有坂少将は直ちに参謀本部の関係者を説得し、さらに長岡外史参謀次長、寺内正毅陸軍大臣、山県有朋参謀総長の同意を得て、国内の二十八センチ榴弾砲を旅順へ急遽送ることになった。

開戦当初は内地の要塞砲を外して旅順の戦闘に投入することなど大本営でも考えていなく、

砲撃中の二十八センチ榴弾砲

現地作戦の推移によってその必要性がわかったのである。それまで日本は日清戦争にわずかに体験したものの、広大な野戦や要塞陣地戦などの作戦は考えたこともなく、外地での戦争判断が非常に甘かったことが証明されたのである。

当時、二十八センチ榴弾砲を分解して運搬するだけでも相当な日数がかかり、これを組み立て据え付け、初弾を発射するまで約一、二ヵ月はかかるだろうと思われていた。

明治三十七年八月二十五日、二十八榴六門を第三軍に配属、九月十五日までに大連に到着するよう大本営から電報がとどいた。そして火砲は実際に陸揚げ運行してみると、適切な指揮と輸送隊の努力によって、なんと二週間で砲の据え付けが完了した。

明治三十七年十月一日、軍司令官以下全将兵の期待と注目を集めて、王家甸子付近の陣地から二十八榴の第一弾が発射された。巨弾の破壊力はすさまじかった。目標に対して命中精度も良好だった。この二十八センチ榴弾砲の砲撃はロシア軍をおどろかせ、次のようにしるされている。

「日本軍は十月一日に、東鶏冠山北堡塁に巨弾を撃ちこんだ。まるで急行列車が驀進してくるような音で、艦砲射撃ではないかと思ったが、その不発弾を調べて見たら二十八センチ榴弾砲の弾であった。コンドラチェンコ少将は、日本軍の二十八榴の威力、攻撃作業の進捗と露軍の守兵激減、増援の絶望などを判断して要塞の運命を予測し、ステッセル将軍に旅順陥落前に露軍の名誉を傷つけない条件で講和を結ぶよう進言した」

ロシア軍の資料に見るとおり、二十八センチ榴弾砲の威力はすばらしいものがあった。しかし不発弾も多かった。当時攻城砲兵司令部員であった奈良武次少佐の回想にも、「五発撃てば四発は破裂し、一発が不発という程度」だったというが、また一説には「五発に一発が爆裂したのみ」と伝えるものもある。この弾については後述するが、弾そのものの性質にも大きな関係がある。

このように二十八榴の投入により利点を知った軍司令官は二十八榴の追加送付を大本営に要求した。結局一二門が追加され、合計一八門となった。

二十八榴の現地設置は内地の海岸砲台と同一構想により、まずベトン砲床を構築し、その凝固を待って備砲を行なうのであって、作業のために備砲班が内地からつれてきた民間の特

(上)クレーンを用いた二十八センチ榴弾砲の砲床設置作業
(下)二十八センチ榴弾砲の照準操作。弾は揚弾機に下げられている

殊人夫を使用し、軍人は使用していない。従って一門の備砲を完成するには最大十八日を要し、一八門全部を完全に設置するには約五〇日をついやした。

　また二十八榴の破壊射撃については、もともと旅順要塞攻撃に参加した二十八榴は、急余の一策として海岸砲台の火砲を転用したものであり、その射撃法も定まった典範があるわけでなく、砲兵も一五センチ臼砲の射撃法を適用したにすぎなかった。二十八榴の射撃指揮官は形態の大きい堡塁(幅五〇メートル以上、深さ一〇〇メートル以上)砲台(幅、深さ共一〇〇メートル弱)を目標として射撃しているため、発射弾数に比し命中弾の比率が大きく、発射弾数二分の一以上の命中弾があった。目標は一二、三分の一以上は八発、五分の一は七発である。

以上の状態であるため、発射弾数は多いが致命的な命中弾は少数であり、要するに旅順戦は堡塁や砲台の全体を目標として面射撃を行なったものである。

対軍艦用砲弾&薬嚢

二十八センチ榴弾砲が要塞攻撃および旅順港内に停泊するロシア太平洋艦隊に対して発射した弾薬は次の二種類である。

一、堅鉄弾　二、堅鉄破甲榴弾

堅鉄弾は明治十六年にグリロー少佐の提案で鋳鉄を使用した。二十八榴は翌十七年に第一号砲が完成した。当初火砲には堅鉄弾一種のみ弾薬として採用されており、特徴として弾底部にリング状の底鐶が二個ついている。弾底の中心には〝海岸弾底信管延期〟を取りつけている。

これは着発信管の一種で、弾頭に装着するものと弾底に装着するものがあるが、二十八榴

弾薬集積所に置かれた二十八センチ榴弾砲用堅鉄弾。弾底に見えるリングに注意

二十八センチ榴弾砲の
堅鉄破甲榴弾（左）と堅鉄弾

二十八センチ榴弾砲の
発射薬嚢

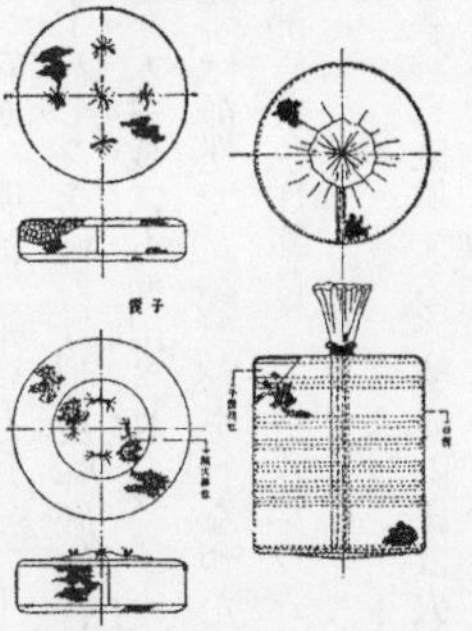

のように堅鉄弾は着弾しても破裂せず、主に構造物などの破壊を目的とするため、侵徹を主とした弾丸にこの弾底信管を用いた。

もともと二十八榴は海岸要塞に配備され、砲台火砲として使用する目的から要塞下を航行する敵の艦船の厚い装甲板を射ち貫く目的の砲弾であり、弾体は破甲榴弾よりも一層固い鋳鉄で作られたその名のとおり堅鉄弾である。

そのため弾体肉厚も厚く、弾頭部を特に強靱にする。曲射弾道をえがいて艦の装甲板に衝突し、これを貫通する際、弾体が破壊変形、炸薬が自爆、信管が不発にならないように、安全堅硬に造られている。したがって内部の炸薬量は非常に少なくなり、弾量の一パーセント内外である。

海岸弾底信管は各種信管の中ではもっとも古いものであったが、明治二十年七月、二十八センチ砲用の弾底信管として試製し、明治二十五年に「二十八センチ砲堅鉄弾用弾底信管」と改称し制式に採用された。この堅鉄弾は、旅順要塞戦や奉天会戦にも使用された。

明治三十二年九月、二十八榴に堅鉄破甲榴弾を創製し、第一海堡で試験射撃を行なった結果良好だったので、これを堅鉄破甲榴弾として制式化、内部に黄色炸薬量一三・八グラム使用した。

二十八榴の弾薬を発射させるには、弾薬と共にその発射薬嚢を装塡する。薬嚢内には火薬を入れてあるが、明治初期には海外にならってフランネル布地を使用していたが、のちにクルップにならって絹製の布地を使用した。

しかし、大口径砲になると絹製では抗力がなく、薬嚢の抗力を増大する目的から麻布に切りかえた所良好だったので麻布を取り入れた。明治三十四年に砲用の有煙薬嚢の製作を容易にするため、大嚢は麻布、子嚢はリンネル布地に切りかえ、後に無煙薬を使用した。

これらの薬嚢は二十八榴の発射に対して良好な曲射弾道をえがき、旅順要塞および港内のロシア艦船にも多くの命中弾を与えた。

三十一年式野戦砲

●日露戦争の野戦火砲の主力となった有坂／速射・山砲

本格的鋼製火砲の研究

日露戦争に初登場した日本軍の野戦砲兵主要火砲として、有坂成章大佐の開発した三十一年式速射野砲および速射山砲が使用され、多大な効果を挙げたことはよく知られているところである。

しかし速射野砲は、日露戦に活躍したのみであったが、速射山砲は昭和期にもふたたび戦闘に投入され、歩兵部隊の携行火砲として日華事変や一部が太平洋戦争でも使用されている。

この速射砲の速射とは、発射速度の速いことを意味した言葉で、現代から見れば速射といっても一分間に二～三発、弾を射つことができる程度だが、当時の野砲の発射速度から見れば画期的なことであった。

明治二十七年から二十八年にいたる日清戦争では、日本軍は主に青銅製の七センチ野砲と七センチ山砲を装備して清国軍と戦った。この戦争は日本軍の勝利となったが、戦のあと火砲の射程が短く、また性能的にもいまひとつ満足できなかった。それでも清国軍の火砲も同様なために日本の勝利となったが、これにかわる鋼製の火砲を研究する方向へと進むことになる。

当時、ヨーロッパ諸国も、中世の火砲から性能を向上させた野戦速射砲へと研究が発展し、我が国でもこれにならって速射砲の要望が高まったことから、火砲開発の先進国、イギリス、ドイツ、フランスなどの各兵器メーカーに速射砲のサンプル各一門ずつの製作を依頼したところ、これをこころよく承諾してくれたのである。

これと同時に我が国でも火砲の研究と設計を行なうことになり、一号砲は砲兵大佐・有坂成章、二号砲は砲兵少佐・栗山勝三、三号砲は砲兵中佐・秋山盛之がそれぞれ担当し、試作砲の製作を行なった。こうして我が国で生まれた試作砲と、海外から到着した速射砲と合せて九種一〇門の火砲の性能、機能の比較試験を行なうことになる。

火砲のテストは明治二十九年九月から、翌三十年七月にかけて千葉の下志津原で射撃試験を行ない、同年十月には各火砲の運行試験を実施した。そして翌三十一年には陸軍大臣命で、火砲の制式選定会議が開かれ、その試験意見が出されたが、会議では国産火砲、外国製火砲共に性能には各自一長一短があるものの、大多数が有坂大佐の製作した有坂砲を押したので、この砲を基準に、改修を施していくことが決定し、一部修正が加えられた。

有坂式三十一年式速射野砲の射撃、射撃時の後退が大きいため、拉縄を離して引いている

そして、明治三十一年（一八九八年）九月、火砲が完成したので射撃と性能試験を行ない、その結果その年号を取り、三十一年式速射野砲として制式採用になったのである。

三十一年式速射野砲は制定され、製造に移されたが、当時日本の工廠では製鋼や冶金の技術がおくれていたため、海外メーカーへ各部分品を発注し、これらの完成を待ってから組み立てることとした。

これは主にクルップ社とフランスのシュナイダー社が製作を行ない、これらの外国製三十一年式速射砲は完成しだい日本に送付された。我が国の大阪砲兵工廠で本格的に製造が始められるようになったのは、明治三十四年、酸性式製鋼炉が設置されてからで、その翌年には速射野砲の榴霰弾弾丸が創製され、三十七年には榴弾の弾底信管が開発された。

こうして海外、国内で製造された三十一年式速射野砲が、国内の野戦砲兵全軍に配備完了したのは明治三十五年になってからのことである。

苦戦した対ロシア戦

明治三十七年一月、ロシアとの交渉が悪化し、ついに日露戦争へと突入した。日本海軍は作戦行動を開始、連合艦隊は佐世保を出発して黄海に向かい、仁川沖でロシア軍艦ワリヤーグ、コレーツ、および汽船スンガリー号を撃沈、勝利を挙げた。

一方陸軍は大陸に兵を進め、第一軍が鴨緑江のロシア軍を攻撃して九連城を占領、陸戦最初の勝利を挙げた。三十一年式速射砲は当初ロシア軍を圧倒し、その威力を充分示して各国観戦武官たちの注目の的だったが、フランスが明治三十年に砲身長後座式の三インチ野砲を開発し、ロシアはこれを採用して極東の部隊に送ってきていた。

三十一年式速射砲は砲身固定式を取り入れて製作されており、ロシア軍の三インチ砲と比較すると三インチ野砲の方が有利に働き、三十一年式速射砲は大いに苦戦することになった。それに三インチ砲は間接照準式を採用しているため、日本軍の陣地なども視覚にたよることなく照準可能で、この両軍野戦砲の優劣が戦術を大きく左右することになった。

日露の野戦では、将兵の士気にも影響するとして、陸軍技術審査部から技師を派遣して戦地での速射砲の改修をはかったが、決定的な修正とはならず、砲架を改修して大射角射撃を良くしたこと、砲身に弧型照準器をつける遠距離履板を設置、また後に砲手の防護を考え、

旅順要塞を砲撃する三十一年式速射野砲

速射砲に防盾をつけたことも挙げられる。

このような事があっても、三十一年式速射砲は日露戦争における野戦火砲としては操作性も良く、平地での行動にも適しており、旅順、奉天戦などの戦域全般に使用され、日本の戦果に一役買ったのである。

ここで主なデータを上げておこう。

三十一年式速射砲

口　径　七五ミリ

砲身長　二二〇〇ミリ

砲身重量　三二七キログラム

放列砲車重量　九〇八キログラム

高低射界　プラス二八度、マイナス五度

弾量　榴弾　六〇一〇グラム

　　　榴霰弾　六〇〇三グラム

初速　榴霰弾　四八八メートル／秒

最大射程　七七五〇メートル

三十一年式山砲も有坂成章大佐（のち中将）が開発した火砲である。

日露戦争前に前述の通りに速射砲は製作されたが、当時陸軍の装備していた山砲は幕末時代にフランスから購入した四斤山砲を参考に我が国で製作したものであり、前の日清戦争に登場したが旧式化していた。

日清戦争後、ロシアとの外交交渉の雲行きがあやしくなるにつけ、兵器体系を一新させる必要性が生まれ、速射砲に続いて山砲も開発をせまられた。この頃はまだ山砲はできていなかった。そこで陸軍の砲種選定会議が開かれたが、その席で二、三の議員が有坂式採用に反対の声をあげ「これから山砲の研究に取り掛るなどというような、悠長なことをいっている時期ではない。明治三十三年は今から二年の後である」という意見を出した。それに対し、有坂大佐は一年間の内には必ず山砲を成功させることを断言し、山砲の開発に取りかかったが、この山砲はなかなか大佐の思うようなものにできなかった。

有坂大佐は研究に力を入れるあまり、夜も眼冴《ざ》えてなかなか進まなかった。大佐は思わず酒に頼ってわずかに睡眠をとることができたという。この様な有坂大佐の献身的な努力によってようやく山砲も開発された。

試験の結果、速射山砲も良好な成績を上げ、これを基に大阪砲兵工廠で生産を行なうことになった。

当初、山砲の国産体制がととのわず、砲身などは外国に依頼したが、しだいに国産化に切りかえて量産し、まずは教育のため野戦砲兵射撃学校へ配置されたのに続いて、一般の野戦砲兵連隊にも装備されることになった。

日露戦争前に撮影された三一年式速射野砲の射撃

こうして完成した有坂式速射山砲も日露戦争時には速射野砲と同様に部隊配備され、日露戦唯一の山砲として野戦の近接戦闘から旅順戦の山岳戦にも活用され、その威力を充分に発揮したのである。山砲のデータは次のようなものである。

三十一年式速射山砲
口径　七五ミリ
砲身長　一〇〇〇ミリ
砲身重量　九七キログラム
放列砲車重量　三三七キログラム
高低射界　プラス三〇度、マイナス一〇度
弾量　榴弾　六・一キログラム
　　　榴霰弾　六・〇六五キログラム
初速　榴弾　二六一メートル／秒
　　　榴霰弾　二六二メートル／秒
最大射程　四六〇〇メートル（資料によっては二八〇〇メートルの記述もある）

歩兵の補助火砲として

三十一年式速射山砲も日露戦争で活躍したが、戦争後は四一式山砲にその装備をとって代わられ、むなしく陸軍の備砲として倉庫に収容される状態だった。

ところが昭和六年に満州事変が勃発し、日本は大陸に兵を進めることになる。そして奉天、北大営などを攻撃占領し、朝鮮の駐屯部隊も関東軍に呼応して満州に移動、日本軍はさらに兵を進めて吉林省も占領した。

この満州事変に出動した歩兵部隊には十一年式平射砲と十一年式曲射歩兵砲が装備されていたが、その威力も敵の火砲におされぎみであった。当時満州を支配していたのは張学良麾下の軍隊で、海外から買い求めた最新式兵器を装備して戦いをいどんできた。

満州のような広大な地域では歩兵の武器では対応できず、新しい兵器を要望したが、当時まだ九二式歩兵砲が試験中で、はっきりとした対策がとれないことから、歩兵砲として使える火砲を調査した。これにあてはまる火砲としては、日露戦争時使用したまま陸軍の倉庫にねむっている三十一年式山砲がちょうど良いとしてこれを活用することになったが、一方では威力不足の声もきかれた。

そのうちに満州事変も収まったが、その翌年には戦火は上海に飛び火して第一次上海事変が起きたのである。

中国戦線における三一式山砲

上海では海軍陸戦隊が一時対応できたが、陸戦隊はあくまで上海の日本人居留地と居留民を守護する任務のため、外の戦闘には陸軍第九師団（混成二十四旅団および第十一師団歩兵第三大隊を増加）が投入された。

戦闘は陸軍と海軍陸戦隊の協同で行なわれたが、中国軍も勇猛な第十九路軍をこれにあてたため、陸海軍とも苦戦を強いられたが、最後の総攻撃を開始、各地で戦果を挙げ、この上海事変も収めることができた。

陸軍はこの二つの事変戦闘を検討し、敵の機銃や軽度な陣地を撲滅するには、歩兵に火砲を装備させることを決定、九二式歩兵砲の制式化を急ぎ進めると共に、これの補助火砲として三十一年式山砲に改修を施こし、「三一式山砲」と呼んで歩兵に装備することになった。昭和八年のことである。

九二式とのコンビ

三一式山砲を歩兵装備とするにあたって、これを新たに改修と教育のため、昭和八年に「三一式山砲教育規定」が定められた。これには次のように記述されている。

〝本規定は主として歩兵小隊内の分隊動作を記述する。また独立せる分隊にも準用するものとす〟とあり、分隊および小隊戦闘には十一年式曲射歩兵砲と歩兵砲射撃教範に準じた教育を行なった。

この三一式山砲の分隊編成は、三一式山砲一門と二両の弾薬車で、分隊長一名のほか砲手一二名、砲馬馭兵と弾薬馬馭兵二名がつく。山砲の繋駕時は砲尾にU字型の引枠を取りつけ、馬一頭で山砲を引く。それに続く弾薬車も駄馬各一頭ずつで引くようになっており、これには馬を馭す馭兵がついて牽引する。時によっては砲手も馭兵となることもあり、基本的には分隊長をふくむ兵士一三名がこれの射撃操作、駄馬での繋駕運用、また戦場の地形や戦闘間は馬にたよらず、人力で分解搬送を行ない、山岳戦などに対応して戦うことが求められた。

三一式山砲は砲身、砲架、駐退機の主要部具よりなり、所要の属品も要す。射撃時の照準は直接照準および間接照準で行なわれ、最大射程は約四三〇〇メートルである。弾薬は弾薬箱に収容し、中に弾七発と分離薬筒を収めてあり、属品は器具箱に収容する。山砲の運搬には引枠を装着し、一馬輓曳をするほか、人力輓曳とし、必要に応じ分解搬送も実施する。

熱河作戦に参加した三一式山砲

砲の形状を三一式山砲と三十一年式山砲とを、図面で比較すると、基本的には旧式の三十一年式山砲の形態をとっているものの、やや別の山砲のような感じを受ける。やはり日露戦争時の山砲そのままでは、近代戦となっていた大陸での活用は無理と思われたらしく、大幅な改修を施さざるを得なかったものであろう。

三一式山砲の弾薬は、分離薬筒をもちいて発射するため、弾丸、薬筒よりなり、榴弾は弾底信管を、榴霰弾は弾頭に複動信管を装着し、その重量は約六キログラムである。一方薬筒は全備重量五八〇グラムで、薬莢の底部には断面弧状の凹部を設けている。

昭和八年二月、満州熱河省で軍閥の抗日運動が発展して満州国の治安が悪化、日本軍はこれをおさえることを目的に熱河作戦となった。

この作戦に陸軍は初めて諸兵種を連合した機械

化編成部隊を投入〝川原挺進隊〟が自動車隊を編成して山また山の熱河省を走破して敵を追撃した。

陸軍は試作中であった九二式歩兵砲と三一式山砲を、実戦を兼ねた試験をすることを決定し、古北口歩兵砲隊を編成し、この熱河作戦に参加させる予定だったが、機動作戦となって早く進んだためこれに参加できず、これを側面から応援することになった。

古北口歩兵砲隊は、試製九二式歩兵砲と三一式山砲を組み合わせた部隊となって戦場に投入された。熱河は主に山岳戦のため馬は一部しか使えず、やむなく歩兵砲隊は九二式歩兵砲も三一式山砲も人力による分解搬送が主となった戦闘が多く展開された。

この戦いで、三一式山砲は新式の九二式歩兵砲と比較しても、旧式ながら充分その威力を発揮して、観戦した陸軍の技術将校をおどろかせた。

シベリアの狙撃砲

●歩兵が運搬できる対機関銃座用の秘密兵器

機関銃座を排除せよ

一九一四年（大正三年）六月、オーストリア皇太子夫妻がセルビアのサラエボで暗殺されたのをきっかけに、ヨーロッパに戦火が上がり第一次大戦へと発展した。この戦いでは従来の兵器と共に新しい兵器も開発されて、ただちにこれが戦場に登場するという結果も生まれた。

こうしたヨーロッパでの戦闘の状況や各種兵器の出現、火器や火砲の威力など、また近接用戦闘資材登場の報告が西欧に在住する日本武官によって我が国へと伝えられ、日本軍部をゆり動かした。これは前に体験した日露戦争では経験もしなかった驚くほどの変化である。

ヨーロッパ戦線で登場し、その威力を発揮したのは、まず機関銃である。西部戦線は膠着した戦場と化し、その間で連合軍もドイツ軍も一進一退をくりかえしていた。こうした陣地戦には鉄条網が張られ、それを中心に機関銃が数梃配置されており、これをどうやって撲滅するかが戦闘の運命を左右していた。

このような状況から、第一線にある歩兵はみずから相対する敵の機関銃を撃滅する方法を取らなければならない。後方の味方砲兵に依頼して、目の前で猛威をふるっている機関銃をしらみつぶしに砲撃することは砲兵にとって大変なことであり、またその目標も小さく砲弾によって充分な効果を挙げることも不可能に近いものだった。

みずからの敵はみずからが処理しなければならない。こう考えた各国は、それまで小銃や機関銃を装備していた歩兵に小型な軽砲を配置させて、敵の機関銃や陣地を撲滅する戦法を採用することになったのである。戦場では機関銃がますます発達し、一方では戦車という怪物まで現われたので、歩兵もこれらを打ちこわすだけの武器を持たなければならなくなった。このためにできたのが歩兵砲である。

元来、敵の隠れている掩蓋とか機関銃などを破壊するのが砲兵の任務であったが、砲兵は遠距離から撃つため完全に目標を捕らえて破壊することはできず、この歩兵砲をもって敵に近づき歩兵みずからこれらを排除して歩兵路を作る必要にせまられた。

当初、各国が採用したのは平射砲で、口径は三七ミリが普通のものであった。これは極めて軽く、歩兵が人力で運搬できる程度で大体重量が五・六〇キログラム、弾量は六七〇〇グラム位であった。

こうしたヨーロッパでの報告や戦闘状況、新しく出現する兵器の数々に日本陸軍は海外にならって歩兵用火砲を開発することになり、大正六年（一九一七年）に試製の歩兵砲設計を行ない、これを基に大阪砲兵工廠に製作が命じられた。名称は「試製機関銃破壊砲」である。これは大正七年になって名も「狙撃砲」と改められたが、目的は敵の機関銃を狙い射つ火砲としての性格を明らかにする名称である。大正七年試作を完了して、試験部隊に渡された。狙撃砲取扱法草案による砲のデータは次のとおりである。

口径　三七ミリ
全長　一・〇四メートル
防楯　厚さ三ミリ
弾薬　破甲榴弾一種（着発信管）
初速　五三〇メートル／秒
最大射程　約五〇〇〇メートル
砲の全備重量　約一七五キログラム
狙撃砲は駐退機を有する砲身後座式火砲で、閉鎖機は半自動垂直鎖栓式、弾を発射後復座と共に開いて空薬莢を放出し、次弾装填と共に閉鎖する。砲の車輪中径は〇・七メートル、轍間距離は〇・七六メートル。
砲車姿勢を高、中、低の三姿勢で射撃ができ、それぞれ高低照準の限度と発射高が異なっ

低位置壕内で射撃訓練中の狙撃砲

ている。

狙撃砲の移動運搬は、そのまま輜重車にのせ、または砲車と部品を駄馬二頭に分載することができ、陣地移動か近距離運搬では歩兵二人で曳くか、分解して七人で担送することも可能であった。

防楯の形状は、上方と下方の両部分からなっていて、厚さ三ミリ、下方防楯はその下に二個の踵板（足）をもち、射撃時は砲の前方支脚となる。そして下方防楯は車軸を中心に前に曲げることが可能で、その角度によっては、砲身高を最高七〇センチから最低三五センチまで九段階に高さを変えることができる。このため下方防楯の位置によって射撃姿勢を変更することも可能で、通常は最低より二番目の高さで下方防楯が固定され、搬送や敵前での陣地侵入などもこの状態で行動する。

狙撃砲の射撃性能は、露出した敵の機関銃に対し五、六〇〇メートルの距離より三〇パーセント、また一〇〇〇メートルの距離では二〇パーセントの命中弾を与えることができた。砲の発射速度は一分間に約一二発を射つことが可能であった。

使用弾薬は、破甲榴弾で全備重量七一〇グラム、炸薬は粉状黄色薬で三五グラム、信管は狙撃砲砲甲榴弾信管を使用した。

特殊砲隊の〝新兵器〟

第一次大戦中の一九一七年（大正六年）二月、ロシアでは帝政が崩壊してソビエト政権が誕生した。そしてドイツに対し休戦を提案し、単独講和を行なった。

これに対しアメリカは連合軍としてイギリス、フランス、イタリア、支那（中国）の四ヵ国と共にシベリアの居留民を保護する意味合いから日本にも出兵を依頼して、ここに五ヵ国の共同作戦をとることになった。ウラジオストックで暴徒が我が居留民を殺傷した事件があり、また大正七年にアメリカから東欧に残されたチェコ・スロバキア軍を救出する依頼もあって、日本もシベリアに出兵することになった。

この年の八月、第十二師団は大井成元中将指揮のもとウラジオへ向かった。同時にアメリカは九〇〇〇の兵を、英は八〇〇〇、フランスは二二〇〇、支那は一五〇〇の兵員を送り、これらを日本軍司令官の隷下に置くこととなり、大谷喜久蔵大将が司令官に任命された。

陸軍では、新しく開発された歩兵兵器・狙撃砲の効果を知る絶好のチャンスとばかりに出

シベリア出兵時、現地で訓練中の狙撃砲

兵する第十二師団内に装備させた。部隊での編成は、狙撃砲二門をもって一小隊とし、通常軽迫撃砲四門と合わせて特殊砲隊を編成し歩兵連隊に配備した。その使用戦闘任務は、決勝の時機において敵の機関銃を撲滅するにあり、ただし戦闘初期においては通常後方に位置し、つとめてその所在を敵眼より秘匿につとめることとし、敵機関銃の出現を待ってはじめて射撃位置につき、機を失することなく敵の機関銃を制圧することであった。

そのため高級指揮官は、時として連隊に配属された狙撃砲の全部もしくは一部を他隊にも配備し、これを指揮官の直轄としておくように厳命した。

当時シベリアでは、赤軍の過激派や暴徒が居留民を殺傷するなどの事件が多く発生し、第十二師団の将兵たちもこれに対応した作戦を立て、特殊砲隊としての訓練もきびしく行なわれていた。

赤軍の過激派が持つ兵器は機関銃や小銃などの小火器が多く、一部ビッカース機関砲を装備したのもあったが、火砲をもっておらず、その戦闘形態もゲリラ的なもので、なかには鉄道列車を利用して攻撃してくるのが見られた。

日本軍の狙撃砲隊は、これら過激派の機関銃陣地を制圧し、シベリアの沿岸、黒龍江などの赤軍船舶を攻撃して破壊沈没させ、建物にひそむゲリラを文字どおり建物ごとこわしてこれらを駆逐する戦果を挙げた。日本軍はこのようなゲリラ戦になれてなく、当初は苦戦を強いられたが、狙撃砲の特色を生かして各方に展開、敵の小火器部隊を撃滅し、かれらの戦術に対応する戦闘を続けた。

極寒の地での運用法

部隊による狙撃砲の運搬は、そのまま軍馬一頭で曳く輜重車に載せて運び、草原などの戦闘では固定した輜重車上からロープを切り離して車からすべり落として、ただちに目標に向かって狙いをつけるという文字どおり狙撃砲の本領を発揮した。

また駄載では、砲車および部分品を駄馬二頭に分載し、弾薬を収容した弾薬箱は他の駄馬によって運搬する。

狙撃砲の人力輓曳では、砲車に肩綱を通し、通常二人の兵で輓曳し、属品箱や弾薬箱は砲手が携行した。また狙撃砲には車輪をつけることも可能であり、この場合は戦場で背を低くして臂力前進を行なうもので、これも兵二名で曳き、折敷や伏せ、散開などの諸動作で陣地侵入をはかった。

狙撃砲の分解搬送は地形がけわしく路幅がせまいか、または交通壕内の運動時にこれを行ない、その砲分解と携行前進は次の様に行なっている。

砲長（提棍）、一番（車輪）、二番と三番（大架）、予備砲手（揺架）、予備砲手（砲身）、予備砲手（上方防楯）、四番（属品箱か下方防楯）、五番と六番（弾薬箱）。

射撃姿勢は通常車輪を脱し、下方防楯を前方支点として狙撃砲を地面に固定、射撃法は表尺眼鏡によって直接照準を行ない、通常試射を行なわず、最初から目標に向かって効力射をもって狙撃を行なった。

狙撃砲の操法および射撃は、下方防楯踵鈑を前方支点としてすえ、正規試製では通常最低位置より二番目をもって射撃を行なう。

敵に暴露してしまい、低姿勢を取れなかった場合は、車輪をつけたまま迅速に射撃姿勢として射撃を行なうこととした。

砲隊の射撃の場合、通常砲隊長の号命で行ない、射撃は目標の指命射撃のほか、左右の翼次射撃は各個三発ずつの射撃を行なった。また陣地進入の時機は、普通所属隊長より命令されるが、砲隊長はその場の状況判断によって機を失せず独断決行するを必要とした。

シベリアは極寒の地であり、その戦闘行動は非常に難行した。特に極東ソ連領は一般に大陸性気候を呈しているが、海岸よりの距離、地形等にも左右されて若干の差異はあるものの、

（上）狙撃砲を台車に載せた運搬状態。（下）下方防楯を下に折りたたんだ状態の狙撃砲

冬季気温は一般にいちじるしく低下して土地や河川なども凍結し、また緯度の高さに従い日照時間が短く、極寒は長期にわたっているのが特徴であった。

シベリアの日本軍はこの気候間は現地住民と同じように、ソリを仕立ててこれに歩兵や物資を積んで行動をした。馬一頭の馬ゾリで狙撃砲と弾薬箱を積載し、どこへでもすぐに行動が可能だからである。

（上）一馬曳のソリに載せた運搬状態の狙撃砲
（下）シベリアでソリに載せた状態で射撃訓練中の狙撃砲

特に敵とバッタリ遭遇戦となった時は、ただちに要地を占領し、敵に対し有利な立場を取ることができた。この場合でも狙撃砲隊はすぐ馬とソリを切り離し、目標に対し照準することができたからである。これはソリに乗せたという特質でもあったろうか、雪中や氷上ではソリの回転も楽で、そのまますぐ射撃ができ遭遇した敵を撃退することに成功した。

雪中や氷上では射撃時の反動でソリ自体が後方に後退することがあったが、それでも安定した射撃ができ、初弾で敵の中心を突き、迅速果敢に動き、敵の機関銃がまだ射撃を行なわない間に、その銃眼を閉鎖することができたため作戦に大きな効果を挙げた。

　また攻撃が成功した時は、狙撃砲は速やかに射撃に便利な位置に進出して、退却する敵砲兵や機関銃に対して、その独特な射撃威力を発揮し、追撃では歩兵と協同して行動することがもっとも肝要で歩兵砲として最適だった。

　防御陣地での狙撃砲は、首線に対して壕を作り、前方側面に積土を行なって狙撃砲の壕とした。射界は方向照準器を使用することなく、火砲の駐鋤のみの位置をきめ、側方に移動すれば左右各二約二〇度、駐鋤や踵鈑位置を側方に移し、内部積土を若干排除すれば左右約三五度で砲の射界を得ることができた。

　壕内での狙撃砲は砲手の立射ち用とし、砲を操作する一番と三番砲手、それと砲長が壕に入って目標指示や射撃指命を行なった。

　狙撃砲の陣地壕は四角と長方形のものがあったが、長方形は交通壕とつながっており、ここでは分解搬送で壕内に入り、掩体壕内で組み立てた上、砲座にすえるという方法をとっていた。狙撃砲は通常試射を行なわないが、目標が遠距離の場合や、状況が急を要しない場合には試射を行なって目標照準を確実につかむこととした。

曲射／平射歩兵砲

●シベリア出兵後、速射砲を改良したユニークな火器

二種の歩兵支援用火器

一九一四年（大正三年）にはじまった第一次大戦は世界各国を巻きこんで大きな戦争へと発展した。とくにヨーロッパの西部戦線は膠着し、敵味方共に戦いは一進一退をくりかえす長びいた戦になった。

やがて、第一次大戦も終結を迎えたが、世界各国はこの戦争で大きな教訓を学んだ。それは敵と相対した場合、歩兵用兵器の小銃や機関銃だけでは攻防いずれの時でも火力が不充分なことがわかり、歩兵が小銃のほかに直接使用できる軽火砲の必要性が生まれたのである。

わが国でも歩兵軽火砲の必要を認め、シベリア出兵時に「狙撃砲」を製作して歩兵に装備させたが、これは出兵した一部の歩兵部隊に配備されたにすぎず、シベリアでの使用は一種の実験的な要素もふくまれていたものと推測する。しかし陸軍の予想に対して狙撃砲は意外

な効果を挙げることができたので、あらためて歩兵砲の開発に取り組むことになったのである。

歩兵砲の射撃目標は、主に敵の機関銃座や陣地、観測所、または塹壕の前に展開している障害物の鉄条網などであり、これらは直接狙い撃ちする必要から平射弾道の小口径平射砲を求めた。

一方、敵の遮蔽地にある目標に対しては、射角四五度以上での曲射弾道をもつ曲射砲を採用することにきめた。これは敵の塹壕内、土手などや建物の影にいる敵兵に対する射撃であり、一種の迫撃砲である。

こうした射撃目標の異なるものに対応するため、陸軍は大正十一年、十一年式平射歩兵砲と同じく十一年式曲射歩兵砲の二種の火砲を製作した。この火砲は共に、歩兵連隊や大隊、または中隊に配備され、歩兵と一体となって戦闘を行なう火砲、つまり歩兵砲となったのである。曲射弾道を持つ曲射砲は、一種の迫撃砲であったが、歩兵に装備するため、名称も曲射歩兵砲としたものである。

短距離射撃で戦車を撃破

十一年式平射・曲射歩兵砲がどのように生まれてきたか、まずその前に陸軍兵器の研究部門である陸軍技術本部の話から進めよう。

大正八年、従来陸軍の兵器研究と審査を行なう部門であった陸軍審査部が、その名も陸軍技術本部と改めて新発足した。

その翌年の大正九年七月に、「技術本部兵器研究方針」が定められた。これは現時点において、国軍の兵器・器材の面でなにが必要であるかを明示したものであった。

日露戦争後、大正三年に起きた第一次大戦の教訓とヨーロッパに派遣された駐在武官たちによる、海外情勢の報告で各国の軍事状況が明らかになると、従来装備してきた国軍の兵器体系も大きく変化せざるを得なくなってきたからである。

そのようなことから陸軍技術本部も、新たな兵器研究の綱領を発表した。これによると、

一、兵器の選択には運動戦、陣地戦に必要なるすべてをふくむも、特に運動戦用兵器に重点を置く。

二、これらはつとめて東洋の地形に適合させることに着意する。

三、兵器の研究は戦略、戦術上の要求を基礎とし、これに応ずるための技術の最善をつくすを根本とし、かつ兵器製造の原料、国内工業の状態にかんがみ戦時の補給を容易にすること。使用に対しては戦時短期教育を容易ならしめることを考慮する。

四、軍用技術の進歩の趨勢にかんがみ、兵器の操作、運搬の原動力は人力および獣力によるほか、広く器械的原動力を採用することに着意する。

このような綱領をもとに各種の兵器研究を行なうことになったが、その中で歩兵関連の兵

器では次のものがあげられている。
歩兵兵器　速やかに研究・整備すべきもの
歩兵銃　口径七・七ミリのもの
機関銃　当分三年式機関銃につき、口径変更、三脚架改正など
軽機関銃　既製二種の軽機関銃の実用試験のほか、口径は歩兵銃改正にともない七・七ミリ
歩兵砲　三七ミリ砲は既製品の二種において（この頃狙撃砲が完成してシベリア出兵に参加）、また歩兵兵器として曲射歩兵砲を研究

この頃、陸軍では軽迫撃砲があり、これは日露戦争の経験から歩兵兵器として考えられて一部の歩兵部隊に配備されてはいたものの、綱領ではこれを別に迫撃砲兵器に区分し、状況上歩兵に配備することは戦術上の使用区分にまかすとして、この時点では迫撃砲は歩兵兵器からはずされている。

その理由として、砲兵からは命中精度があてにならない兵器と考えられており、また第一次大戦で迫撃砲はガス弾発射に使用されていたため、陸軍では化学戦部隊がこれに熱意を示したものの、歩兵兵器として迫撃砲をあまり重視していなかったようである。そのため歩兵の持つ曲射砲を別に開発しようと考えていたものであろう。

本来、砲兵の持つ野砲や山砲は、通常陣地から比較的遠距離の砲撃を行なうので、第一線

（上）十一年式平射歩兵砲全体と弾薬箱。（下）同砲の砲尾照準具

があまり敵陣地に接近すると射撃が不可能となる。それで第一線にいる歩兵は敵の銃眼や機関銃座、小陣地などは歩兵自身の手でこれを撃破して進まなければならない。

歩兵砲はこうした目的に応じて第一次大戦に現われた兵器である。平射砲は銃眼や機関銃座の撲滅に使用するため、三七ミリ級が最も多く、初速六〇〇メートル、最大射程四〇〇〇メートル位であった。

これには装輪砲架のものもあるが、低姿勢が要求されるため、三脚架をもちいたもの、あるいは射撃の時だけ車輪を外して三点支持にするものがあった。

この程度の平射砲では半自動式閉鎖機を使って発射速度を大きくしていた。

陸軍で開発した平射砲は各国歩兵砲の例を採用し、平射弾道によって目的物を狙い撃ちすることを目的とした火砲を製作した。口径は三七ミリで砲架は車輪をつけず、三脚架とし、二頭の馬に駄載して運搬するが、短距離では人力によって移動することが可能とした。大正十一年に制式採用となったため、十一年式平射歩兵砲となった。

陸軍兵器学校が編さんした「兵器概説教程（火砲）」には次の様に書かれている。

本砲は、砲身後座式半自動装置を持つ火砲で、砲身、揺架、三脚架の主要部分よりなる。口径三七ミリ、三脚架の火砲にして、自動開閉閉鎖機能を備え、照準具は直接照準専用で、前脚の起伏により高低両姿勢をとることができる。

砲身は単肉で、垂直鎖栓式自動開閉閉鎖機能を持ち、砲架は揺架、小架、架頭、砲耳托架。それに開脚軸と前脚一および後脚二で射撃時は後脚を開いて行なう。後脚の後部には砲を固定するための駐鋤がつき、その開脚度は四〇度である。

砲の駐退機能は水圧式で、復座機はバネ式をもちい、方向照準機は高低照準機を備えており、照準具はプリズム眼鏡および方向修正分畫を有する鼓胴表尺を取り入れている。

データは、

中国戦線における十一年式平射歩兵砲部隊

口径　三七ミリ
砲身長　一〇三四ミリ
砲身重量（閉鎖機共）　二七・八キログラム
揺架重量（復座バネ共）　一九・四キログラム
最大後座長　五五〇ミリ
三脚架重量　四二・六キログラム
砲全備重量　八九・八キログラム
全長（前脚より駐鋤）　高姿一・七二九ミリ
全長（前脚より駐鋤）　低姿一・九二〇ミリ
駐鋤間隔　一二二〇ミリ
方向射界　三〇度
高低射界　九・五～一六・五度
初速　四五〇メートル／秒
最大射程　五〇〇〇メートル
弾薬は当初、十二年式榴弾をもちいた。この弾薬の侵徹効力テストでは、野砲防楯（厚さ四ミリ）とホチキス機関銃の防楯（厚さ八ミリ）に対する貫通限界距離では野砲は約二〇〇〇メートル、ホチキスは約一五〇〇メートルであった。

その後、十一年式平射歩兵砲の弾薬には、九四式三十七ミリ砲と同じ九四式徹甲弾と九四式榴弾が採用された。なお訓練用には十二年式代用弾が使用されている。

弾の重さは四五〇グラムから六五〇グラムまでで、一分間に約二〇発の発射速度を持ち、その威力は二〇〇〇メートル以内の野砲防楯を貫き、また五〇〇メートルの近距離では戦車の装甲板を打ち破ることができた。

なお弾薬箱には弾薬を一六発収容でき、重量二五・三六キログラムで、他に予備品や工具などを収めた属品や携帯箱もある。

十一年式平射歩兵砲の戦場投入は、昭和三年に起きた中国山東省の済南事件がはじめで、次に昭和六年の満州事変、第一次上海事変と続き、昭和八年には熱河作戦にも参加し、中国軍に対してその威力を充分に発揮した。

昭和十二年からの日中戦争には歩兵の持つ直射火砲として活躍、また数も少なく威力不足となったものの太平洋戦争の初戦まで使用された。

射角七〇度の間接射撃

第一次大戦ではマルヌの戦い以来、戦線が膠着してドイツ、フランス軍共お互いに対峙したまま陣地戦に移り、一進一退をくりかえしていた。こうした戦いにより発達したのが曲射

十一年式曲射歩兵砲

砲である。
　戦線では人影は見えず敵の隠れている陣地や掩蓋を破壊するため、曲射弾道をもつ兵器が重要視された。迫撃砲もその一種だが、これは主に毒ガス発射に使用され、歩兵があつかう兵器ではなかった。フランス軍はこれを打開するため色々な曲射兵器を製作、ただちにこれを戦場に投入した。
　当初、手榴弾を飛ばすだけだったが、しだいに迫撃砲形式となり、後には大型の曲射弾道を持つ兵器まで現われた。これに対応してかイギリス軍もこの兵器に興味を示し、ビッカース社に対していくつかの曲射歩兵砲を開発させ、またアメリカもこれに続いて製作した。
　こうした風潮は、日本の武官によって報告され、前述の兵器研究方針の中に歩兵が持つ曲射砲もあわせて研究することになった。敵の機関銃や手軽な防御設備などは平射砲で破壊できるが、防御設備の直後にある敵に対しては効果が充分でなく、また前方の陰にかくれたものや術工物、トーチカなどでは直射がまったく不可能で、どうしても非常に湾曲した弾道を持つ曲射砲が必要であった。

平射砲は軽い弾丸を大きな速度で射てるが、曲射砲は相当重い弾丸を比較的小さな速度で打ち出し、敵に頭上から大きな打撃を与えることができる。こうした考えのもとに陸軍は曲射砲を研究することになった。

出発は平射砲にくらべて曲射砲の方がややおそかったが、完成はほぼ同時期となり、「十一年式曲射歩兵砲」として制式採用となったのである。

その外観は、口径七〇ミリの曲射専用火砲で弾丸の破裂威力に期待するものである。形は木製床板の上に砲身を上向きに配置した簡単な火砲で、迫撃砲とは同一思想をもつ。

弾丸も砲口から込めるが、ただ異なるのは弾丸は有翼弾でなく拡張式の導帯を持っている。そのため砲身には腔綫（ライフリング）が切ってあり、発射すると火薬ガスの圧力で導帯が拡がり、砲の腔綫に食いこんで旋動が与えられる。射距離の変化は射角を変えることで、托筒の長さを変えて薬室容積を変化することによってなされる。この方式の火砲は弾帯拡張式と呼んだ。

十一年式曲射歩兵砲取扱上の参考には、次のようにしるされている。

本砲は、口径七センチ前装式火砲で、砲身、砲架、床板の各主要部分からなり、砲身底部に撃針托筒（内部に撃針および同バネがある）がある。この撃針托筒は長さが異なる四個が

満州事変における十一年式曲射歩兵砲

あり、時々これを交換することにより弾の装填位置を規整して装薬ガス容積を変化させ、これで弾丸の初速を増減することができた。

砲身下の砲架は、鉄枠で補強された木製床板からなり、砲架についた砲耳により砲を俯仰させることができ、また底板は床板上面に密接して、床板上を方向移動させる。床板は長方形の木製で、下面に前後二個の駐鋤がつき、これで地面に固定するようになっている。方向照準機は歯車のかみ合わせで行ない、高低照準は砲の中間についたネジ式を調節、これによって砲身緊定装置も兼ねている。

射撃は間接照準だが、方向照準は射向板（回転盤および水準器付）、高低照準は距離板をもちいる。

この距離板をもっておおむね四〇度から七〇度の射角を附与し、これで間接照準射撃を実施する。

データは、
口径　七〇ミリ
砲身重量　一五・五キログラム
砲架重量　一二・五キログラム
床板重量　三五キログラム
床板幅　四四センチ
床板長さ　八〇センチ
全備重量　六九キログラム
最大射角　七三度
最小射角　四三度
方向移動　左右各二〇〇ミリ
初速　一四七メートル／秒
最大射程　一五五〇メートル
この曲射砲に使用する十一年式榴弾は、底部に発射薬を内蔵し、周囲に銅製の拡張式導体を巻いたもので、弾の底部および側面におのおの八個の噴気孔を有している。
発射により装薬に点火すると、火薬ガスは装薬室より噴出し、その圧力により弾丸を放射し、弾帯と腔綫がかみ合って旋動し、きわめて良い弾道を得られる。

弾には他に十一年式発煙弾、八九式照明弾などがあり、内部装薬が違っていても発射方式は同じである。

十一年式曲射歩兵砲は満州事変の戦闘に使用されたが、その戦闘中しばしば腔発（弾丸が砲腔内で暴発）が起こったため、その原因を探ったが、周囲の兵が死亡してしまったので、原因は追究できなかった。

それでも戦争に投入されると、その威力は敵の人馬を殺傷し、または軽易な障害物や敵のひそむ建物なども破壊して、作戦を有利に進めることができた。曲射歩兵砲がもっとも有効なのは、中国軍の鉄条網破壊に大きな効果を挙げたもので、また短延期信管をつけたときは軽易な敵の掩蓋を貫通して、掩蓋下の機関銃も破壊することができた。

三八式野砲／榴弾砲

●クルップ社の二種の野戦砲は後に主力となって活躍する

クルップ社との契約

野戦砲とは、野戦すなわち野外運動戦に使用するのを主目的とした火砲で、野砲、騎砲、山砲、野戦軽榴弾砲などがこれにふくまれる。野砲は野戦攻防戦の主砲であって、火力戦闘の骨幹をなし、これは各国とも同じである。

我が国の代表的な野砲および軽榴弾砲は三八式と呼ばれ、日露戦争勃発にともなって急遽海外の火砲を求めて輸入したものである。これらは戦場に投入する予定であったが各種の事情から間に合わず、本砲が日本に到着したのは日露戦争が終結する間際のことであった。

明治三十七年、日本は当時世界一の陸軍国と称されていたロシアと戦端を開いた。この時日本の野戦火砲は主に三十一年式速射野砲と三十一年式速射山砲であり、対するロシア軍の野砲は三インチ速射砲が主体だった。

しかも主砲である三十一年式速射野砲はロシアの三インチ野砲よりも射程が短く、砲手を防御できる防楯もないなどの不備な点が目立っていた。日本陸軍も緒戦ではロシア軍を打ち破ったものの野戦火砲の威力面では三インチ野砲におされぎみで、苦戦が続いていた。

こうしたことから陸軍でも三十一年式野砲の砲架と歯弧に修正を施し、やっと射程を七八〇〇メートルまで伸ばすことに成功し、また防楯も明治三十七年十二月には設置できるようになって、やや同等にロシアの野砲と戦えることになった。

日露戦争に突入した頃から、三十一年式速射野砲の力不足を懸念していた陸軍は、前線の軍に野砲を供給する必要性を感じ、陸軍省で会議の結果、海外から秘密に火砲を買い入れてこれにあてることを決定した。時の寺内陸軍大臣は世界の情勢を考え、次期火砲には断然砲身後座式を採用することを望み、ちょうどドイツに勤務していた兵器本廠の田中砲兵少佐に対し、海外でこれに適した野砲を選ぶよう命令を出した。

その頃、砲身後座式火砲を製造していたのはドイツのクルップ社とエヤーハルトおよびフランスの兵器会社であったが、フランスはロシアと密接な関係を持っていることから、これに打診するわけにもゆかず、兵器生産では高名なクルップ社にこの話をし、同社と協定を結んだ。

購入する条件として、野砲には砲身後座式を採用すること、もう一つは三十一年式速射野砲の弾薬も使用できることなどの条件がついたが、この野砲四〇〇門と砲を生産する時の素材四〇〇門分をクルップ社に発注した。

　クルップ社からは、条件どおり明治三十八年七月に最新の砲身後座式野砲二門が到着し、続いて三十九年六月までに、毎月四〇門前後の火砲が日本にとどけられた。

　日本陸軍とクルップ社の契約は、明治三十九年一月までときめられていたが、ドイツは統治国の紛争などで軍備を進めており、兵器を注文していた各国への対応ものびのびになっていた。そのため日本への火砲納入も遅れていたが、それでも契約どおりに火砲も素材もクルップ社から送付されてきた。

実戦テストを重ねて

　ドイツのクルップ社から送られた火砲は日露戦争には間に合わなかったが、火砲の性能試験を行なって、その機能を試すことになった。明治三十八年八月末から下志津原で火砲の各種テストを行なった。

　砲の弾薬には分離式弾薬と完全式弾薬があった。はじめに各射角における分離薬筒式の弾薬をもちいて行ない、次に一体型弾薬筒を発射してその比較を実施したところ、両弾薬の発射では火砲の抗堪機能は完全で共に支障はなかった。完全薬筒を発射した場合は、少し不備な点も見られたが、実戦ではこれらは問題ないと判断された。

　この火砲の操作では、弾薬の装填方法に注目が集まり、分離式薬筒では時間を要し手なれ

三八式野砲と弾薬車

た砲手でも毎分一二発以上の発射はできなかったため、弾と薬筒が一体型の完全薬筒の方が発射時間を短縮できる点からいっても有利だった。

こうした試験結果を基に、火砲および弾薬の技術・操作面と制定に関する会議が行なわれ、陸軍大臣のもとで本砲は三八式野砲と命名され三十一年式速射野砲にかわって陸軍の制式野砲として採用、また三八式野砲にもちいる弾薬は完全薬筒式で全備弾薬量約六五〇〇キログラム（信管共）と定められ、なお初速を伸ばすことを研究するようとされた。

クルップ社から到着した火砲は、いくつかに分けて、機能、弾道試験、または火薬のテストなどに使用されたが、後は大阪砲兵工廠に交付して火砲製造のサンプルとした。

三八式野砲の初期型は最初分離式薬筒をもちいたが、その後のものは全部完全弾薬筒式にあらためられた。

こうして野戦砲兵の主砲として制式化になった三八式

野砲は第一次大戦の青島攻撃に参加したが、この戦いが初戦でドイツの要塞戦に火を吹いたのである。データは次のとおり。

口径　七五ミリ
全長　二三三五ミリ
重量　三三三キログラム
放列砲車重量　九四七キログラム
閉鎖機様式　水平鎖栓式
高低射界　正一六度三〇分～八度
方向射界　左右三度三〇分
初速　五二〇メートル／秒
最大射程　一万七〇〇メートル

なおクルップ式三八式野砲の砲架は、発射後に砲身が反動で後座する際、後座の抗力を均等にするため、駐退機は液体の流出抵抗を利用して、砲身後座の速度に応じて流出孔の面積を変化させるものであり、復座にはバネの力で砲身が元の位置に戻る機構である。

●改造三八式野砲

三八式野砲は、大正三年の対ドイツとの青島戦に投入されてその威力を発揮し、続く大正八年には帝政ロシアが倒れてソビエト政権が成立、これに各国共対応してシベリアに兵を送ることになり、日本もこれにならって同地に軍隊を派遣した。

このシベリア出兵には三八式野砲を装備した野戦砲兵も参加して活躍したが、厳寒の地での行動と、各国の野砲に比べて射程が伸びず、また構造的にもやや不備な点が現われたのである。

三八式野砲の構造は、両方の車輪と後方に伸びた一本の脚によって地面に支持され、しかもその脚は砲架の真下からのびているため大きな射角を砲身にかけることが制限され、したがって射程もおさえられる。最大射程一万七〇〇メートルに応ずる射角をかけるには、地面を掘って脚の後端を下げなければならず、砲架上での砲身方向を変える時の角度も小さく、砲自体を大きく方向転換して射撃することをよぎなくされた。

シベリアの戦場でその性能をためされたのであるが、陸軍会議において、三八式野砲を改造するか、射程を増大にする議論が交され、大正十三年には威力増強を目的とした改造令達が出された。

そして当初六種の改造案が出たが、各方面でこれを審議した結果、甲、乙、丙の三種の案を提出、これを基本に研究を行なうことになる。

三八式野砲はすでに野戦砲兵の主力火砲の位置にあり、国産化も進み相当数が部隊整備されている現状では、新規に火砲を開発するよりも改造によって目的が達成できれば経費も節

改造三八式野砲

約できるし、新火砲設計製造するよりも短時日で整備転換できるという案が大多数をしめ、三八式野砲の改造案が急速に進められた。その背景には大正末期の軍縮にも大きく影響されたものだろう。

大正十四年四月、改造案の試験砲を野戦砲兵学校に送り実用テストを行なった結果、丙号様式の火砲がよく改造目的を達したものと判定された。

改造の主な点は、射角を増大させるために砲架の箭材（支持脚）の中間に孔をあけ、大射角をとった時、この孔の中に後座する砲身を改めることであり、これにともなって砲身の後座長を射角に応じて変化される装置（後座長変換装置）を設け、水平に近い射角では長後座するが、射角が大きくなるに従い後座長を短くして砲架に衝突することを防止する構造に改造された。これが改造三八式野砲となって制式採用となった。

この時の試験火砲には長、短のものがあって後で検討されたが、結局「短火砲」が取り上げられた。改造三八式野砲の特長はY字型となった脚にあり、昭和初期の各部テストや部隊配備後も故障したり、機能不備な点も現われたが、その都度改良され、日華事変、ノモンハン、太平洋戦争と野戦砲兵の主力火砲として活躍した。

改造により、砲車重量も一一三五キログラムと三八式野砲に比べて重くなったが、基本的な構造は三八式野砲と同じで、性能はそれをやや上まわっている。

青島陥落の原動力

●三八式十二センチ&十五センチ榴弾砲

三八式十二センチ榴弾砲も日露戦争に突入したのをきっかけに緊急装備を行なった火砲の一つである。当時日本にはドイツのクルップ社から買い入れた克式（クルップ式）十二センチ榴弾砲と同じく克式十五センチ榴弾砲が装備されていたが、この榴弾砲も日清戦争後に野戦重砲の不備を整うため明治三十一年三月にクルップ社と購買契約を結んで買い入れたもので数としては少なかったが日露戦争に投入した。

この克式榴弾砲はここへ来てやや旧式化したことと、近距離射撃にもちいる野戦重砲が少ないこともあって、ドイツのクルップ社で砲身後座式榴弾砲が開発されたことを知り、ただちにこれを注文した。発注に際して日本は性能などの必要条件をつけて提示したため、クルップ社でも手間どり、我が国に到着したのは日露戦争も末期のことであった。

(上)三八式十二センチ榴弾砲。(下)三八式十五センチ榴弾砲

これをただちに奉天戦に送り、実戦を兼ねた射撃試験を行なったが、この砲身後座式榴弾砲にもいくつかの不備な点が見つかり、その後改修をほどこして三八式十二センチ榴弾砲と三八式十五センチ榴弾砲として制式に採用された。

日露戦争後、この三八式十二榴と三八式十五榴弾砲は野戦重砲第一〜第四連隊に配備されていたが、十二榴と十五榴を分離して装備することになり、三八式十二糎は野戦重砲兵の第一と第三の奇数部隊に各二十四門ずつ、三八式十五糎は同じく野戦重砲兵の第二と第四の偶数部隊に配置され、三八式十五糎が一六ずつ部隊に装備された。

大正三年に第一次大戦が勃発し、イギリスはドイツのアジア地域の拠点である青島基地の攻撃を希望、日本はこれを受けてドイツに対し宣戦布告し、中国の青島に兵を送ることになった。

そして神尾光臣中将率いる陸軍独立第十八師団が編成された。これには各種の部隊が動員され、三八式十二糎と三八式十五糎を装備した次の重砲兵部隊も出動、青島要塞攻略に向けて海を渡ったのである。

出動部隊は、野戦重砲第二連隊＝連隊は二コ大隊で六コ中隊からなり、他の火砲も装備していたが、三八式十二糎十二門を持つ第四中隊と、連隊段列に三八式十二糎を一二門装備した。

野戦重砲第三連隊＝連隊は二コ大隊で、六コ中隊からなっていて、火砲は三八式十五糎二四門を装備した。連隊段列では弾薬車四八をもって編成していた。

独立攻城重砲第一大隊＝これは三コ中隊の大隊で、火砲は三八式十五センチ榴弾砲四門を装備し、観測小隊、砲車体、弾薬小隊、中隊段列があったが、携行する各器材運搬には馬で曳く輜重車を使用した。

冬季の中国戦線における三八式野砲

なお、三八式十二榴は軍馬六頭輓曳で、三八式十五榴は重量があるため、軍馬八頭輓曳であった。日露戦争後、三八式十二榴と十五榴は奇数、偶数部隊に配備されていたが、青島戦では部隊編成上、これは固定したものでなくなったようである。

青島要塞にはドイツ軍が建設したコンクリート製の強固な砲台が多く、重砲兵部隊はこれの破壊攻撃を命じられた。ビスマルク北砲台、台東鎮砲台、同西砲台、海岸堡塁の機関砲座から石油庫堡塁、モルトケ兵営などに砲撃を開始し、夜間は敵の補修工事妨害の射撃を行なって大きな戦果を挙げ、ついに青島を陥落させたのである。

続く大正七年から十年のシベリア出兵にも日本陸軍は兵を送ったが、この出兵には臨時編成として野戦重砲兵第四連隊で編成された独立野戦重砲兵大隊が出動した。火砲は三八式十五センチ榴弾砲三コ中隊で、戦闘は主に赤軍ゲリラがたてこもる建造物を攻撃したが、極寒の地でもあり火砲の運搬には苦労したという。

昭和期に入って、昭和六年に満州事変が勃発し、陸軍はこれに対し兵を送ることになるがすぐ対応するには在満砲兵部隊がよいとして、海城に駐屯していた野砲兵第二連隊と、旅順に常置していた重砲兵大隊の内から応急に事変参加を行なうことになった。

野砲兵第二連隊は当初第二大隊、四コ中隊の応急編成で出動し、装備は三八式野砲四門、他の一隊も三八式野砲五門の編成で、兵員も射撃に必要な最小限の人馬で出動した。

一方、旅順重砲兵大隊は臨時重砲兵大隊を編成した。これは二コ中隊で三八式十二榴八門を装備し、兵員は射撃に必要な最小限の人馬で出動、野砲兵部隊と共に主要な戦闘に参加して、三八式榴弾砲の威力を見せたのである。

昭和十二年におきた日華事変の南京攻略戦には軍直轄砲兵部隊として三八式榴弾砲も参加した。これには野戦重砲兵第十一、第十二連隊で装備火砲は合わせて三八式十五榴三六門、独立野戦重砲兵第二、第三、第四大隊で、装備火砲は三八式十二榴、計二四門であった。また野戦重砲兵第十三、第十四連隊も出動し、装備火砲は三八式十五榴四八門を有した。

各大隊は軍直轄砲兵指揮下にあったが、大隊長の独断で敵の目標を求めて射撃を行なうことが多かった。南京城壁前の中国軍陣地の頑強な抵抗を受けて激戦となったが、夜陰にかくれて中国軍は退却したため、その退路遮断のため砲撃を行ない、南京攻略戦に戦果を挙げたのである。

四一／九四式山砲

●山岳、悪路の戦場で多用された機敏さが特徴の山砲とは

歩兵戦闘に密接に協力

日本の軽火砲として山砲があるが、その定義については「日本砲兵史」に次のように述べられている。

〔山砲〕

〝野砲〟は馬輓六頭でひくのが基本であり、そのため必要な道路を必要とし、急峻な道では行動が困難である。これに反し単馬ならば急峻な道路でも克服可能であり、火砲を分解すれば、歩兵とともに行動が可能で歩兵戦闘に密接に協力しうる。このために製作されたのが山砲である。

山砲には四一式山砲、九四式山砲、九九山砲などがあり、また試製山砲も作られているが、主に日華事変や太平洋戦線で使用されたのは前者の四一式山砲および九四式山砲で口径も同

じ七・五センチであった。

●四一式山砲

日露戦争の経験にもとづき、野砲に砲身後座式を採用し性能と向上をはかったことを、山砲にも適用し完成したのが四一式山砲である。国産山砲としては精度良好、操作容易であり、構造簡単で分解、結合が容易である。運動は六馬に分載するのが原則であり、必要に応じて一ないし二頭で輓曳することもできる。

明治三十七・八年の日露戦争で活躍した三十一年式速射山砲は、実戦では大いにその性能を発揮してロシア軍を圧倒し勝利にみちびいたが、一つの欠点として射程の不足が問題になっていた。

陸軍は日露戦争後、山砲の開発計画を立て、明治三十九年（一九〇六年）十二月、陸軍の兵器開発「参第二三一号」と四十年八月の「参第四六二号」に基づき、二種の山砲を設計製造することになった。山砲は甲号と乙号と呼ばれ、日露戦争の経験から、クルップ型の砲身後座式を採用することになった。試作山砲は明治四十一年および四十二年に完成し、陸軍技術審査部によって、その性能を試験・検討されることになる。

陸軍技術審査部での試験は約一ヵ月半あまり行なわれ、共に優秀さはあるものの射撃時の砲車の安定性が問題となった。だが、陸軍としてはその要求が、山砲という名のとおり軽便で、構造もきわめて簡単で、取り扱いも操作性も良く、また分解して馬に載せ、作戦行動にも合うことから、修正をくわえた結果、甲号山砲の方がその要求に合う成績を示したので、甲号山砲をその開発年号をとり、「四一式山砲」として制定されたのである。

四一山砲の分解と駄載

四一式山砲の特長は、その名のとおり軽便さである。不整地や山岳でもこれを分解して駄馬に分載し、または山砲をそのまま一頭の馬で輓曳して部隊と共に行動できる理点があった。

四一式山砲の分解は、車輪、大架、揺架、托架、砲身、防楯に分解して、これをそれぞれ駄馬にのせて駄載とする。これにはそれぞれ馬の駄者がつき、六頭の駄馬につんで行動する。これは砲車班といい、次に弾薬を駄載する弾薬班がある。弾薬馬は第一から第五弾薬馬まであり、戦場では山砲をつんだ六頭の砲車班と弾薬をつんだ五頭の弾薬班が一体となって行動する。

そしてこれには分隊長、弾薬班長と砲手、駄馬を輓曳する駄者が各馬につくという仕組みであった。

また戦場の地形によっては山砲をそのまま一頭の馬でひいて行動することもあるが、それでも大架馬、揺架馬、托架馬、砲馬、防楯馬はそのまま一緒に行動を共にする。これは四一式山砲の分隊隊形であった。

このように戦場においては山砲を駄載からおろし、ただちに組み立てて、敵に向かっては照準射撃することができ、その操作や命中精度も良好であった。

四一式山砲は明治、大正と砲兵に装備されていたが、野戦砲兵では軽量と射程が短いことが問題となっていた。昭和六年（一九三一年）に満州事変がおこり、この四一式山砲を歩兵に使用させて見たところ、軽い火砲のためか歩兵と行動を共にすることができ、また射程が短いことも歩兵の目標を直接支援するには命中精度も満足することができた。

そのため歩兵側から要望されて、山砲の防楯を小さめに改良、他の部分も修正して軽量化をはかった。

満州事変後は、歩兵一個連隊に四門の四一式山砲が配備され「連隊砲」と呼ばれて親しまれたが、一方砲兵でも従来のものが装備された。この四一式山砲は一時期生産が中止されていたが、昭和十一年（一九三六年）頃からふたたび生産に移され、昭和十二年の日華事変および太平洋戦争にも投入され、使用された。

特に中国との日華事変では、作戦地域が主に山岳地帯や、運河としてのクリーク地帯が多かったため、簡単に各部分を分解して、兵士の肩を利用して搬送できたため、この四一式山砲は大いに活用された。

大陸での戦いでは、火砲不足をきたしていたが、この程度の射程でも充分戦果をあげることができたという。

（上）上海戦線で射撃中の四一式山砲
（下）中国戦線で使用された四一式山砲。砲にいくつかの弾痕が見える

しかも、大正期の初め、中国からの要望により〝余剰兵器〟として日本から中国へ輸出されたこともあって、中国軍もこの四一式山砲の取り扱いにはなれており、お互い四一山砲で戦ったという実例がある。

四一式山砲の砲身は旧式の単肉砲身で、油圧式駐退機は砲架に内蔵されており、支脚は二箭材と呼ばれる独特なコの字型鋼管製であったが、開脚式に比べ射界がせまく、後方ではこれを一本にまとめて、脚の後端には地面に砲を固定させる駐鋤がついている。なお、鋼管右には砲手の発射座がつき、左側には照準手の照準座がつく。

●四一式山砲弾薬

四一式山砲弾薬は砲兵および歩兵連隊砲として使用されたため、他の火砲とも兼用でき多くの弾薬が制定されている。これを取り上げてみよう。

一、九四式榴弾弾薬筒
二、九四式榴弾弾薬筒（安瓦炸薬の場合）
三、九五式破甲榴弾弾薬筒
四、九〇式榴弾弾薬筒
五、十年式榴弾弾薬筒
六、榴弾甲弾薬筒
七、榴弾乙弾薬筒
八、九〇式鋼性銑榴弾弾薬筒
九、九〇式発煙弾弾薬筒
十、九〇式焼夷弾弾薬筒
十一、九〇式照明弾弾薬筒

十二、九〇式榴霰弾弾薬筒
十三、三八式榴霰弾弾薬筒
十四、三八式榴霰弾弾薬筒（重）
さらに太平洋戦争に入って、次の弾薬が追加された。
十五、一式曳火榴弾弾薬筒
十六、九七式鋼性銑榴弾弾薬筒
十七、九〇式代用弾甲弾薬筒
十八、九〇式代用弾乙弾薬筒
十九、空包
四一式山砲弾薬として定められた九四式榴弾弾薬筒＝全備弾量六キロ〇二〇グラム、全備弾薬筒量七キロ一一〇グラムである。この弾薬は野砲の弾薬としても使え、本榴弾は三八式野砲、四一式騎砲、改造三八式野砲、九五式野砲、九〇式野砲、九四式山砲、八八式七センチ野戦高射砲㊕の弾薬としても使用可能であった。その威力半径は約二〇メートルである。
九四式榴弾弾薬筒（安瓦炸薬の場合）
全備弾量六キログラム、全備弾筒量七キロ一一〇グラム、薬筒は茶褐炸薬使用。
本榴弾も三八式野砲、四一式騎砲、改造三八式野砲、九五式野砲、九四式山砲、八八式七センチ野戦高射砲㊕、威力半径、約二〇メートル。この弾薬筒は安瓦薬を使用しているため

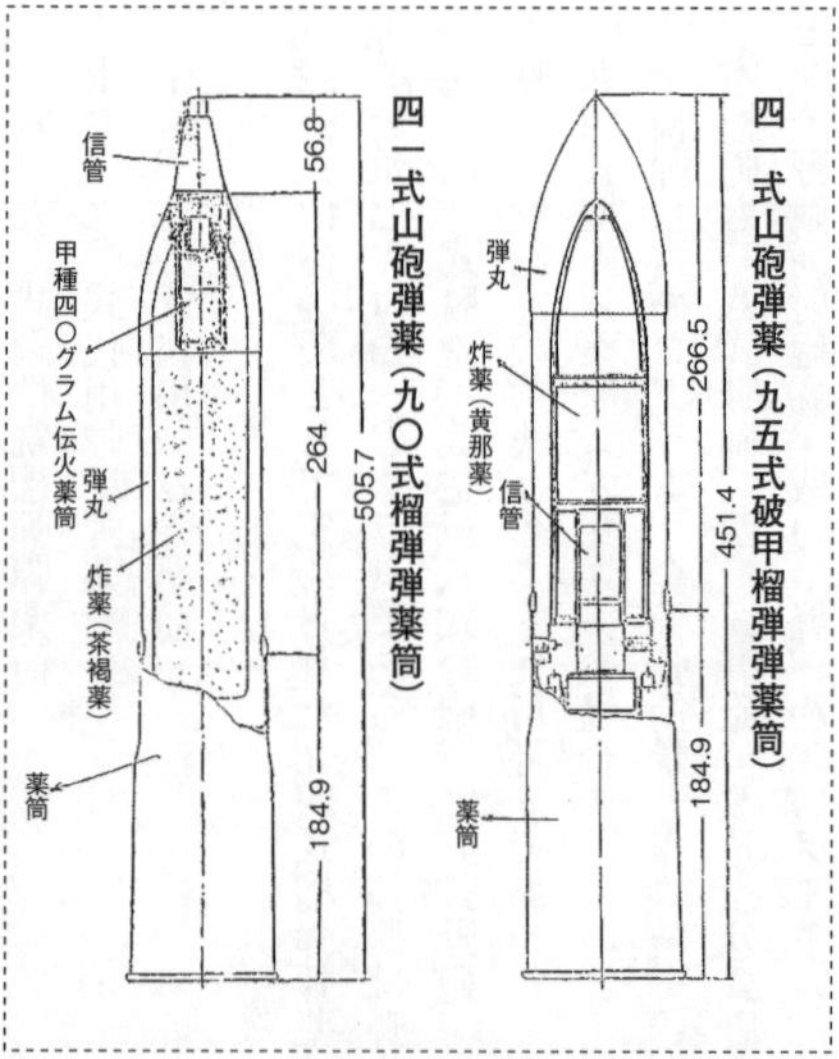

四一式山砲弾薬（九五式破甲榴弾弾薬筒）

四一式山砲弾薬（九〇式榴弾弾薬筒）

防湿には注意を要す。

●九五式破甲榴弾弾薬筒

全備弾量六キロ二一〇グラム、全備弾薬筒量七キロ三〇〇グラム、信管九五式破甲小弾底信管。本砲甲榴弾は、前と同じ、同口径の各野砲、山砲弾薬と同様に使用できる。発射侵徹威力は、二〇ミリ鋼板に対し貫通限界距離、約三〇〇〇メートル。

●九〇式榴弾弾薬筒

全備重量五キロ七一〇グラム、全備弾薬筒量六キロ八〇〇グラム。本榴弾は三八式野砲、四一式騎砲、改造三八式野砲、九五式野砲弾薬と同じ。信管は八八式瞬発信管「野山加」および八八式短延期信管「野山加」を使用。

威力半径約二五メートル。

●九〇式榴霰弾弾薬筒

全備弾量七キログラム、全備弾薬筒量八キロ〇九〇グラム、信管五年式複働信管「修」と「加」、薬筒全長を少し異なるほか九四式榴弾弾薬筒と同じ。本榴霰弾の弾薬も、三八式野砲、試製九一式騎砲、改造三八式野砲、九五式野砲、九〇式野砲、九四式山砲の弾薬のものと同じで、これらの火砲にも同様に使用された。

●三八式榴霰弾弾薬筒

全備弾量六キロ八三〇グラム、全備弾薬筒量七キロ九二〇グラム、信管三年式複働信管「修」、薬筒九四式榴弾弾薬筒と同じ、なお本榴霰弾は、三八式野砲、四一式騎砲、改造三八式野砲の弾薬と同じである。またこの榴霰弾は信管をかえ、九〇式野砲と九四式山砲にも使用できた。この榴霰弾の炸薬には小粒薬および複働信管を使用しているため、特に防湿には注意が必要だった。

射程を延ばした山砲

●九四式山砲

前述の四一式山砲は、山砲としてはすぐれた火砲だったが、昭和五年前後時に、世界各国の目指す傾向として、火砲の射程増加が望まれた。

陸軍技術本部はちょうど九五式野砲の研究・開発をはじめた頃とあって、これと同時に新山砲の研究も行なった。当時海外では「シュナイダー型」の火砲が人気だったので、山砲にもこの方式を取り入れ、砲身はオートフレッタージュ、砲架は開脚式とし駐退復座機もその様式を採用した。

オートフレッタージュは砲身の同一抗堪に対して砲身重量を軽減できるので、駄載のため砲身重量に制限を受ける山砲に対し、四一式山砲よりも砲身をやや長く取ることができた。そのおかげで目標発射時にも射程をより伸ばすことが可能となったのである。射程は四一式山砲の最大射程六三〇〇メートルに対し、九四式は八三〇〇メートルとなった。

九四式山砲は昭和六年から研究が行なわれ、翌七年に一号砲が完成したが、操作性と機能が思わしくなく、さらに八年、九年と研究開発を行なった。それでやっと操作や機能性が良くなったが、山砲自身が重量が増えて山砲として馬に駄載するには困難となるなどいくつかのトラブルに悩まされた。

結局、射撃時の安定性よりも戦場での運動性を重視して改良・修正し直し、昭和十年実用試験に合格、「九四式山砲」として採用されたのである。

九四式山砲は四一式と同口径の七・五センチで、全長一・五六〇メートル、重量九四キログラム、初速は三九二メートル／秒、最大射程八三〇〇メートルである。

（上）九四式山砲。（下）射撃訓練中の同砲

●九四式山砲の弾薬

九四式山砲が制式化された当初は、四一式山砲と同口径の四一式山砲弾薬をそのまま採用して、昭和十二年の日華事変に参加していたが、ノモンハンや太平洋戦争のマレーやバターン作戦を体験して、やや使用弾薬に不備の面が現われたので、昭和十八年四月、九四式山砲に用いる主要弾薬として次のものを定めたのである。

一、九〇式尖鋭弾弾

薬筒（九六式五瓦爆管を使用する）
二、九五式破甲榴弾弾薬筒
三、九四式榴弾弾薬筒（九六式五瓦爆管を使用する）
四、一式曳火榴弾弾薬筒
五、九七式鋼性銑榴弾弾薬筒
六、九〇式榴弾弾薬筒
七、九〇式発煙弾弾薬筒
八、九〇式焼夷弾弾薬筒
九、九〇式照明弾弾薬筒
十、九〇式代用弾甲弾薬筒
十一、九〇式代用弾乙弾薬筒
十二、空包

●九〇式尖鋭弾弾薬筒
全備弾量六キロ三四グラム、全備弾薬筒量七キロ九五グラム、本尖鋭弾は三八式野砲、四一式騎砲、改造三八式野砲、九五式野砲の弾薬と同じで、炸薬は茶褐薬の代用として一号および二号硝斗薬を使用する。ただし茶褐薬および二号硝斗薬は直填熔融とし、一号硝斗薬は塡圧搾とする。弾薬に対する表文字は「九四山」である。

以下九四式山砲の弾薬の表示は尖鋭弾と同じく「九四山」と表示されてその使用区分を別にしているが、基本的な各弾薬の形状は四一式山砲弾薬とほぼ同一である。前にのべた使用弾薬の弾薬量をしるしておく。

九五式破甲榴弾（全備弾薬筒量七キロ五九グラム）、九四式榴弾弾薬筒（全備弾薬筒量七キロ五九グラム）、一式曳火榴弾弾薬筒（全備弾薬筒量八キロ三一グラム）、九七式鋼性銑榴弾弾薬筒（全備弾薬筒量七キロ五八グラム）、九〇式榴霰弾弾薬筒（全備弾薬筒量八キロ六〇グラム）、九〇式発煙弾弾薬筒（全備弾薬筒量七キロ三〇グラム）、九〇式照明弾弾薬筒（全備弾薬筒量七キロ二二グラム）。

九〇式代用弾甲弾薬筒（全備弾薬筒量八キロ〇二グラム）、九〇式代用弾乙弾薬筒（全備弾薬筒量七キロ九七グラム）。

火砲の弾薬には普通砲弾と大口径砲弾、特殊砲弾と分けられるが、これは素材として主に鋼性のものが使用されていた。しかし、太平洋戦争前から砲弾素材が不足となり、砲弾素材に鋳鉄を使用することがよぎなくされ、一部鋳鉄を使用した弾は鋳鉄破甲榴弾、または鋳鉄榴弾と呼んだが、完全に弾頭を鋳鉄素材にしたのは「代用弾」として区分した。戦争末期にはこの代用弾が多く使用されたのである。

野戦用十センチ加農砲

●第一次大戦後に独仏の装備をもとに緊急配備した火砲

注目のフランス製新型砲

野戦加農砲は、その低伸した弾道により弾が他の火砲よりも距離を飛ぶことから、主に遠方にある敵の火砲を目標にしたり、または掩蓋などを打ち破るために砲口活力の大きい砲が必要とされて生まれたものである。

ヨーロッパでは、一九〇〇年代初頭から防御陣地にもコンクリートが盛んにもちいられて防備を固めるようになり、これを破壊できる加農砲がますます重要度が高まって優秀な火砲が誕生した。加農砲は〝カノン〟を和訳したもので、砲自体はやや遠くの目標を狙えるという特色を持っている。

日本陸軍の使用した野戦加農砲には口径一〇センチ級のものがあり、これには三八式十センチ加農砲、十四年式十センチ加農砲、九二式十センチ加農砲の三種が装備されていた。これら三種の野戦加農砲を取り上げてみよう。

今日では主な火砲は砲身後座式でないものはなく、これが通常のものとして思われているが、それまでになるには相当に苦心の歴史がある。

明治二十七・八年に日清戦争に使用した青銅七センチ野山砲は砲と砲車が固定式で、一発撃つと砲車はそのまま二メートル位は地上に後退する。これを砲手が人力で旧位置に戻してから弾を装塡し、照準し発射するのであるから精度も悪く、射撃速度も遅くなる。

そのため、砲架と地面との間に弾性物を入れて幾分後退を減じ、またある仕掛けにより後退エネルギーを蓄えておき、これを利用して後退した砲車を旧位置に戻したら砲手の労力も減り、発射速度も増すであろうと、この考案から生まれたのが有坂将軍の設計した三一式野山砲である。

この火砲は日露戦争にもちいられ、当時陸軍では非常に進歩した火砲として「三一式速射野・山砲」と名づけられていたが、これでもこの様式では砲架は毎発ごとに若干後退運動を行なうので、砲手は砲車を旧位置に直してから弾の装塡と照準を仕直さなければならなかったのが現状であった。

話は少し前に戻って、日本は明治三十六年初の頃よりロシアとの外交交渉の結果、近々ロシアとの戦争になるであろうと予想されたため、陸軍は近代兵器の緊急装備を固めることとなった。

前の日清戦争ではやや苦戦したものの日本の勝利となったが、従来装備の兵器、とくに火砲は旧式化しており、これを最新化するためドイツのクルップ社に加農砲と榴弾砲を発注した。兵器の先進国から最新火砲を求めようとしたのである。

その頃、ヨーロッパでは砲身後座式の火砲が開発されており、フランスでは一八九七式の野砲が制式として採用され、この火砲は砲身後座式で、砲架の脚は駐鋤によって地面に固定し、砲架の上に砲身がのせてあり、射撃時は長後座して後座エネルギーを吸収する砲身後座式の火砲であった。

この火砲はフランスの誇りであり、その構造や機能は秘密なものとしていた。一方ドイツはフランスが砲身後座式火砲を製作、軍に採用したことおよびその様式概要は察知していても、フランスの火砲は極度に秘密を厳守していたので、肝心な駐退復座機の構造は到底うかがい知ることはできなかった。しかしその原理は砲身に長後座を与え、さらにこれを復座すれば良いのであって、無論できないことはなかった。

馬匹から自動車牽引へ

一九〇二年（明治三十五年）のヨーロッパ博覧会にドイツのクルップ社は立派な砲身後座式の火砲を出品した。フランスの火砲は復座機に圧縮空気を使うのに対し、クルップ社のは強力なバネを使うというのが大きな違いであった。

明治三十七・八年の日露戦争中途から日本陸軍がクルップ社から購入した三八式加農砲や同じく三八式榴弾砲などは皆この様式を取り入れたもので、これらは後に三八式として制式化となったものの、野砲や加農砲、榴弾砲などは皆クルップ製のものであった。

当時日本の造兵技術はおくれていて、日露戦争まではこれら砲身後座式火砲を設計するだけの能力がなかったことは、遺憾ながら否定できない。

クルップ社から買い求めた三八式十センチ加農砲の構造は三八式野砲とよく似ていて、火砲操作は比較的楽であったという。しかし十センチ加農といっても実際には口径一〇五ミリであり、構造もドイツ生まれのためか大まかな設計で、これを日本式にいくらか部分修正を加えて三八式十センチ加農砲として採用となったものである。これのデータを掲げよう。

口径　一〇五ミリ
砲身長　三三二五ミリ
砲身重量　一二五キログラム
閉鎖機様式　螺式
砲架様式　単脚
駐退復座様式＝バネ、水圧
後座長　一六〇〇ミリ
放列砲身重量　二五九四キログラム

91　野戦用十センチ加農砲

（上）三八式十センチ加農砲。（下）砲身が後方まで後座した射撃中の同砲

高低射界　正一五・負二度
方向射界　左右各一・五度
弾量　一八キログラム
初速　五四〇メートル／秒
最大射程　一万八〇〇メートル

クルップ製十センチ加農砲は、かろうじて日露戦争に間に合った。加農砲はただちに徒歩砲兵第一連隊の第一中隊に装備され、当初乃木将軍の第三軍に配属

して旅順要塞攻略戦に参加したが、同要塞の陥落後は北方に転進して満州軍の指揮下に入り、奉天会戦で砲撃戦を展開した。

中隊の加農砲編成は四門編成であった。旅順から奉天へと長距離移動のため砲身と砲架を分離し、砲身の運搬には冬期のためソリを利用し、あるいは輜重車に分載して運んだ。

当初三八式十センチ加農砲の復座機はバネ式であり、有坂将軍もフランスが秘密にしていた圧縮空気を利用する復座装置を研究して、これを三八式十センチ加農砲に応用してみたところ、空気が漏れて困っていた。これを緒方大尉（のち大将）の提案でパッキンだけで圧縮空気が漏れぬようにするには無理があり、これをフランス式に中間に液体を入れて気密を保つ考えを説明し、これが後の二〇センチ榴弾砲への開発にも採用されたという。

この方式はドイツから求めた三八式十センチ加農砲の改修にも応用され、このため三八式十センチ加農砲の復座機には、バネ式と圧縮空気式のものが存在する。

●十四年式十センチ加農砲

大正三年（一九一四年）に始まった第一次大戦は、各国共まさに近代兵器の戦場という状況であった。日本も英国の後押しで中国の青島に兵を進め、ドイツ軍駐留部隊と一戦をまじえて勝利を得たが、ドイツの誇る青島要塞の兵器や、火砲の優秀さにおどろかされた。

大戦後より各国は火砲威力を増大させる開発競争となったが、我が国もこれにおくれまい

十四年式十センチ加農砲

と新しい火砲に取り組むことになる。

それにより、従来の加農砲にも波及して三八式十センチ加農砲よりも射程の大きな火砲が要求された。この要求にもとづき大正九年に威力を増加した十センチ加農砲の設計研究が行なわれたが、世界の状勢は大きな火砲の移動にはこれまでの馬による牽引ではなく、自動車牽引とする傾向が第一次大戦を経過して強く現われてきた。

こうしたことから設計途中で馬匹による輓曳方式から自動車牽引方式に設計し直して大正十二年に開脚式の十センチ加農砲を完成させた。この十センチ加農砲が完成する少し前、先の三八式十センチ加農砲を自動車野戦重砲として使えるかどうかを実験することになった。

その牽引にはアメリカから買い入れた農耕用のホルト五トン牽引車を利用した。このホルト牽引車はアメリカ陸軍でも火砲の牽引に使用していたので、我が国でもそれを利用して火砲を牽引してみたのであろう。

そして大正十年に、三八式十センチ加農砲をもちいた自動車編成で中隊の実用試験を行ない、翌十一年には特別大演習にも参加して兵団による運用を訓練するようになった。しかし、三八式十センチ加農とホルト五トン車の牽引では、速度も遅く火砲の展開もままならないこともあって、三八式十センチ加農砲は、新しく開発された十四年式十センチ加農砲と逐次更新されて部隊装備となった。

その結果、大正十一年七月、新規に野戦重砲兵第七連隊および第八連隊が発足し、翌十二年からはようやく機械化重砲兵らしい訓練ができるようになった。しかし、完全に十四年式十センチ加農砲が配備されることになったのは、大正十五年に入ってのことである。

十センチ加農砲は大正十二年に完成していたが、開脚式砲架形状は、外国の特許だったため、すぐには使えず、その特許が切れる大正十四年まで待たなければならなかった。そのため火砲そのものは大正十二年に出来上がってはいたが、特許が切れる十四年まで待って、十四年式十センチ加農砲として制式化した。

これの主要データを掲げよう。

口径　一〇五ミリ
砲身長　三五九〇ミリ
砲身重量　九三六キログラム
閉鎖機様式　螺式
砲架様式　開脚

駐退復座機様式　水圧・空気
後座長　七五〇〜一五〇〇
放列砲車重量　三・一一五キログラム
運搬姿勢重量　三・七三〇キログラム
高低射界　正四三度・負五度
方向射界　左右各一五度
弾量　一五・七六キログラム
初速　六四〇メートル／秒
最大射程　一万五三〇〇メートル

実戦で発揮した高い命中率

●九二式十センチ加農砲

昭和七年に制式化された「九二式十センチ加農砲」は、先の十四年式十センチ加農砲の後継として採用した火砲で、十四年式よりひと回り性能を向上させて、当時の最新技術のすべてを導入した火砲であった。

十四年式十センチ加農砲は、野戦重砲兵第七および第八に配備して昭和六年十二月、満州事変、続いて起こった上海事変にも転進して戦ったが、これには主にホルト五トン牽引車が使われた。この戦闘で十センチ加農砲の威力が発揮されたが、野戦での行動はホルト五トン車であったので、その速度はおそく、展開にも時間がかかることもあったことと火砲の砲架にもトラブルが続き、新しく十センチ加農砲を研究開発することになった。

十四年式が制定された当初、最大射程は一万三三〇〇メートルと従来の加農よりは威力が伸びていたが、昭和期に入ってヨーロッパ諸国、特にフランスのシュナイダー火砲の優秀さが評判になったため、陸軍はこのシュナイダー火砲を求めて、それを参考に九〇式野砲と、九一式十センチ榴弾砲を開発した。シュナイダー火砲の砲架はすばらしく、陸軍がほれこんだのも無理からぬことであった。

陸軍は加農砲にもこの方式を採用としたが、野戦重砲として十四年式十センチ加農砲が部隊配備されつつあったので、これは研究に止めていた。しかし満州、上海事変の経過、十四年式加農砲にやや不備な点が見られたことと、さらに射程を向上するため、新規十センチ加農砲の開発にふみ切ったのである。こうして製造された加農砲は、十四年式十センチ加農砲より砲身長を伸ばして初速をあげて、さらに射程を増大し、基本的にはシュナイダー式砲架方式を取り入れて完成、「九二式十センチ加農砲」として採用されることになった。

九二式十センチ加農砲は、口径は十四年式と同じながら、砲車長は四七二五ミリと少し長くなり、初速は十四年式の六四〇メートル／秒に対し、七六五メートル／秒と増大し、射程は一万八二〇〇メートルまで達するようになった。また我が国でも火砲の自緊砲身などの近

九二式十センチ加農砲

代造砲技術ができるようになっていたので、九二式にはこれらの技術も加味して開発にあたったのである。

当初、製造された一号砲は性能的には十四年式を上まわったものの、放列砲車重量がやや重く、牽引の関係もあって再度研究改修がほどこされ、また砲身も長砲身として完成したのは昭和九年中期のころであった。

この年北満での実地テストを兼ねて実用試験が行なわれ、その射撃威力も充分な成績をしめしたので、開発の皇紀年号をとって九二式十センチ加農砲として制定された。

そして、自動車化重砲兵である野戦重砲兵第七、第七連隊に配備することになり、昭和十二年に砲装備と共に、牽引車も九二式五トン牽引車が支給され、ここに完全な機械化重砲兵として誕生したのである。

野戦重砲兵第八連隊の戦記によると、次のように書かれている。

「九二式十加は十四年式よりもひとまわり性能を向上し、最新技術のすべてを導入した火砲で、最大射程一万八二〇〇メートル、全体に軽量に過ぎキャシャな感じがありましたが、精度は良好で、昭和十三年三月、北支の戦線で洛陽に対する擾乱射撃では、尖鋭弾装薬一号一万六二〇〇メートルで二〇〇メートル狭差が可能であり、四門の弾着も画に書いたようにそろったことを確認することができました。

九二式五屯牽引車は技本の基本設計、細部設計と石川島自動車製作所で誕生したもので、全体のバランスも良く牽引力も充分で、牽引車に対する長年の不満を解消してくれた車両であります。欠点といえば不斉地で前後進をくりかえすと、下部転輪がはずれやすいという点がありました」

十五センチ重砲変遷史

●野戦、陣地攻略だけでなく海岸防備にも用いる重砲

二十榴の経験をもとに開発

明治三十七・八年の日露戦争後、ドイツのクルップ社に注文していた砲身後座式の十二センチおよび十五センチ榴弾砲（後で三八式と名づけられた）が我が国に到着した。しかし、これらの砲は日露戦争には間にあわなかったのである。

このクルップ製十二センチと十五センチ榴弾砲は野戦重砲連隊に配備されて、明治四十年に関東平野を中心に行なわれた陸軍特別大演習に参加したが、夜間移動中に故障して野戦軍の退却行動を妨害する失態を起こし、また翌四十一年の奈良地方での大演習では、火砲にトラブルや故障はなかったものの、共に野戦軍の行動に追従して行けないなど、困難を感じさせた。

一方では、三八式十五センチ榴弾砲は射撃時に砲の安定度が不良で、射程も思いのほか伸

びなかったこともあり、また砲の運動性も時代の進展に合わないとして、これにかわる野戦重砲を研究することとなった。

ちょうど、他の要塞重砲なども陸軍では将来を見すえて特殊重砲の議題が起こり、それの研究開発費として四種の重火砲の予算が計上された。この中の一つが四五式十五センチ加農砲である。

本砲の開発にあたり、陸軍技術審査部の楠瀬部長から陸軍大臣・上原大将に提出された上申書によると、次のようなものであった。

「日露戦争の実験と築城の進歩にかんがみ、攻守城砲、堅固なる野戦築城陣地の攻撃および防御、海岸防備用として堅固なる垂直目標の撃破、または遠距離より人馬の殺傷、材料等の破壊をなしうべき、優大なる威力を有し、車両および人馬をもって運搬し、かつ容易に兵備しうべき平射砲を必要となす」

このような要望目的に合うように設計されたのが四五式十五センチ加農砲で、その火砲形態は、ベトン砲床に固定すえ付けて要塞または海岸砲台に配置する砲床固定型と、もう一つは移動砲床型の二種が制定された。

砲の基本的な形状は、四五式二十四センチ榴弾砲のような円盤型砲床ではなく、基筒砲架方式が採用された。砲の設置方法は地面を中径八メートルと深さ約一メートル三〇センチほど掘り下げ底板と側板をおき、下支柱と上支柱の鉄骨砲床をめぐらせて上に架匡を設置し、中心に基筒部架匡を、その上に火砲と照準機および、半円の防楯をめぐらすという形式である。駐退機と復座機は砲の上部に設置した。

　砲は大正元年末に「四五式十五センチ加農砲」として制定された。その特色は主に攻城砲や海岸砲として、平射長カノンをめざしたものである。

　四五式十五センチ加農砲は、特殊重砲の一つとして計画された火砲であったため、四五式二〇センチ榴弾砲に続いて緒方大佐が設計した。二〇榴と同じく最初はバネ複座機であったが、これを空気復座機に改め、次に火砲各部を分解して繋駕のできる車両を編成することなど、すべて先に二〇榴の経験があったため審査はすらすらと進み、設計が終わってから四年半を費やして完成した。

弱点となった砲身の寿命

　大正三年六月、ヨーロッパで第一次大戦が勃発し、日本もイギリスの意向をうけて対独戦参加を決定、当時中国の青島にあったドイツ軍要塞攻略のため、陸軍は重砲兵を派兵することになった。重砲兵は野戦重砲第二連隊と第三連隊、それに独立攻城砲兵第一、第二、第三、第四大隊が出動、これにちょうど完成したばかりの四五式十五センチ加農砲二門を加えた独立攻城重砲兵中隊を臨時編成し、ただちに青島攻略に派遣した。

　これらの部隊は山東省労山湾に上陸して独立第十八師団の指揮下に入り、ドイツ軍要塞の

四五式十五センチ加農砲

攻略戦に参加した。独立攻城重砲兵はいずれも徒歩編成であり、臂力輓曳または野戦重砲部隊の輓馬の援助を得て前進し、各地に展開した。しかし、それまで独立重砲兵大隊は攻守城砲として三八式十五榴や臼砲の教育を受けた者ばかりで、四五式十五センチ加農砲の訓練は備砲、運搬、射撃共になれてなかったが、攻城砲兵司令官の統一指揮により、周到適切に指導されたので、各部隊はそれぞれ砲種に応ずる特性を生かし、要塞攻撃に多大な効果を挙げて独立第十八師団の作戦に貢献、青島攻略に戦史の一ページをかざったのである。

本砲も青島攻略戦には、その長射程砲の威力を充分発揮したが、ただ十五加は初速八〇〇メートルを出すため、腔圧は二五〇〇キログラムに達し、一〇〇〇発も射つと焼蝕を起こし砲身の寿命が短くなるという弱点があるので、平時の演習時には減装薬射撃をもちいることにしてあった。

四五式火砲である二十四センチ榴弾砲と十五センチ加

四五式十五センチ加農砲の運行データ

		砲身車	揺架車	砲架車	防楯車	運材車
一門分	全備重量（キロ）	7779	3877	6244	2114	約2300
	数量	1	1	1	1	8
	所要馬数	16	10	14	6	6

		車両数	所要馬数	摘要
中隊（四門）	重車両	12	160	砲身車・揺架車・砲架車のみ
	軽車両	26	156	起重機車 4・力作器具車 2・木工器車 2 をふくむ
	輜重車	10	10	観測具・行李・その他
備考	1. 起重機車・力作器具車・木工器具および運材車は小隊に一組 2. 軽便鉄道に要する台車数は 24 輌に準ずる			

農砲の運用は、大正十一年の重砲兵操典を主にしていたが、これはやや不備な点が多く、昭和二年に新たな重砲兵力作教範を制定した。これは四五式火砲の各種力作作業を重点において記述され、四五式火砲の運用に関する教育に的確な指針を与えたことは攻守城重砲兵として一大進歩であった。その中から十五センチ加農に関するものを抜いてみよう。

火砲は砲身、揺架、砲架、防楯および砲床材料よりなり、前四部分は運搬車に積載し、砲床材料は運材車に分載する。また配置や運搬の際は、力作作業のため別に力作器具車や起重機車を必要とした。

この運材車には砲床材料を乗せるため一門分八車両が必要で、一車約二三〇〇キログラムのものをのせた。力作器具車は小隊ごとに一両、一車約二〇〇〇キログラム、また起重機車は小隊に一組で機台車、脚柱車各一両ずつの配分である。備砲後の全備重量は二六・一三六キログラムである。

砲を設置する備砲は、経始、砲床、壕掘開、水準規正に約五時間を要し、砲床材料の組み立ては約二時間、架匡上すえ付作業には約三時間であった。

備砲の時間は通常土で一門につき砲手三五名、これは昼間で夜間作業では約三割増加した。運搬車は前車を有し、通常牽引自動車で運搬を行ない、運材車、力作器具車、機重機車は牽引機車は牽引自動車または自動貨車（トラック）で運び、短距離では馬または人力で運搬した。

砲の方向射界は三六〇度、高低射界は〇度〜三〇度である。弾種には榴弾、破甲榴弾、榴霰弾、尖鋭弾（四五キログラム）をもちいた。装薬は一号と二号（共に五号帯状薬）の二種。最大初速は八七〇メートル、最大射程は二万二〇〇メートルである。

本砲は青島攻撃に参加した野戦用のほかに要塞用としても固定式に改修され、射角四三度をとれるようにした。

要塞用は昭和十年二月に制式化され、下関大島砲台をはじめとし対馬、津軽の白神岬、龍飛崎など多数の砲台にすえ付けられ、我が国の海岸防備の任についたのである。

運用を軽快化した火砲

八九式十五センチ加農砲は、大正九年の研究方針で開発された最大射程約一万六〇〇〇メートルを持つ鉄装輪式の火砲である。砲の開発のきっかけは、前の四五式十五センチ加農砲が備砲、移動に対して砲床の分解部分が多く、多数の重砲運搬車に分載して、しかも当初は馬で輓曳していたために運動は鈍く、しかも陣地展開などには多くの時間をついやしていた。

ところが、自動車の発達により移動や作業も楽になったが、一車の牽引重量がいちじるしく増大する様になったので、新たに砲身車と砲架車の二車に分解可能な、しかも運動および展開容易な火砲をという要望に対して研究の末に考案されたのが、八九式十五センチ加農砲である。

八九式十五センチ加農砲は、方向射界約三〇度を条件とする火砲として昭和四年に制定制式化され、野戦重砲部隊に配備された。砲の形態は開脚式装輪砲架で、移動運搬には、これを砲身車（七八二五キログラム）および砲架車（七五六五キログラム）の二部に分解でき、九二式八トン牽引車で牽引する方式を取り入れた。

そのため従来の馬曳による牽引の方法でなく、機械化した野戦重砲となった。したがって前の四五式十五センチ加農砲と比較して、野戦行動力もいちじるしく進歩を見せ、戦場での展開も楽に行なうことができた。

しかし、部隊配備はされたものの、操砲中にいくつか不備な点が見つかり、その改修中の昭和六年に勃発した満州事変、続く翌七年の第一次上海事変には臨時編成によって出動することとなった。戦場での不備はあまりなかったが、量産用としてはさらに改修が施され、昭和八年になってさきの制式図を改正して制定された。

十五センチ加農の備砲は、牽引する九二式八トン牽引車で陣地進入後、砲身車および砲架車の下面を地ならしし、砲身と砲架を結合した後に、牽引車を離脱するだけであったから、おおむね三〇分内外で備砲作業を完了することができた。それは四五式十五センチ加農砲とくらべると、作業時間を短縮することができ、その運用が軽快化したことは画期的な進歩であった。

八九式十五センチ加農砲部隊は満州事変以後、昭和十二年に勃発した日華事変には、部隊も動員や臨時編成によって出動をよぎなくされ、満州や中国大陸または南方地域の戦場において各種の作戦に参加、随所に火砲機動性を発揮してその火砲威力を示して多大な戦果を挙げたのである。太平洋戦争の作戦は次のようなものである。

一、独立重砲兵第二大隊は第一砲兵隊所属の十五加部隊として香港攻略戦に参加した後、マレー半島に転進してシンガポールの攻撃に加わり、戦場における機械化機動は約六〇〇キロにおよんだ。

二、独立重砲兵第三大隊は前部隊と同様に、第一砲兵隊に属して香港攻略戦に参加した後、さらに南支那派遣軍の従源作戦に投入され、次に南方軍に転属して米軍に対するラバウル周

(上)八九式十五センチ加農砲
(下)後部より見た同砲

辺の防衛を任じた。その行動距離は約三〇〇キロに達した。

三、八九式十五センチ加農砲装備の独立重砲兵第六大隊は、昭和十九年に満州から中支方面へと転進、支那派遣軍唯一の機動重砲として活躍し、長沙、衡陽、桂林作戦などを転戦し、十加部隊と協同して良く火砲特性を発揮した。その機動行動は二〇〇〇キロを越えた。

四、独立重砲兵第九大隊は比島作戦に参加、リンガエン湾上陸後、野戦軍に追従して長駆バターン半島に進攻し、第一次、第二次バターン戦およびコレヒドール島の攻略戦にも参加、さらに作戦終了後は北満に転進して対ソ作戦準備にそなえた。その間の自動車機動は約五〇〇キロに達した。

八九式十五センチ加農砲データ

口径　一四九・一ミリ

砲身長　五九六三ミリ

砲身重量　三五五四キログラム

駐退復座機様式　水圧、空気、分離

放列砲車重量　一〇四二二キログラム

高低射界　マイナス五～プラス四三度

方向射界　左右各二〇度

弾量　四〇・二キログラム

初速　七三四・五メートル／秒
最大射程　一万六〇〇〇メートル

対艦船用戦闘にも活用

七年式十五センチ加農砲は、明治末期に海岸防備を重視することになり、海岸平射を目的とした十五センチ加農砲を製作した。そして大正六年まで砲の機能テストが行なわれ、その結果、海岸防備砲としての実用性が認められたので、七年式十五センチ加農砲として採用した。

形状は、ベトン製の固定砲床をもつ方向射界三六〇度を有する砲で、砲前方は防楯によっておおわれている。またこの砲は四五式十五センチ加農砲と同一の鋼製移動砲床も使用できるように考えられている。

七年式十五センチ加農砲は大正十三年三月、千葉県天羽町の金谷砲台が竣工したのに合わせて四門すえ付けられ、さらに四国の愛媛県西方に延びた佐田岬第二砲台にも昭和二年に十五センチ加農を四門すえ付け、いずれも軽快な敵艦の通過や侵入を防ぐ目的で設置され、平射撃で艦船を攻撃するものであった。

砲台砲となった十五加はコンクリート造の四砲座とし、砲座中心間隔は八メートル、砲座間に横墻を設け、弾薬を収容する砲側庫を構築している。

九〇式十五センチ加農砲

九〇式十五センチ加農砲は、先の四五式十五センチ加農砲を利用してその砲架部分を改造したもので、一種の要塞砲としてもちいることを考慮して製造された。そのため当初は「改造四五式十五センチ加農砲」と呼んだが、昭和五年に九〇式十五センチ加農砲として制定された。

砲の改造は揺架部分を上下二分して砲身の組み立てを便利にし、移動砲床を廃止して地面を浅く掘削し、その上に大きく広げた一種のパネル状の砲床を設置した形で、放射状になった脚と砲床とを組み合わせて固定し、その上部に基筒式の架匡と火砲をのせて組み立てたものである。

当時、各地の砲台に平射砲を設置することが多くなり、また明治中期に設置した外国製の速射加農砲が旧式化したためと、火砲の設置や作業の簡素化を狙った一種の実験砲として製作された火砲ではなかっただろうか。

二十／二十四センチ榴弾砲

●日露戦争の戦訓を取り入れた二種の巨大火砲

不発が多かった砲弾

明治三十七年の日露戦争において、旅順攻略戦でもっとも苦戦したのが旅順港をのぞむ二〇三高地の攻撃であった。その前にロシアの艦隊が本国から来航する以前に港内に停泊する東洋艦隊を撃滅することが重大となり、さらに二〇三高地攻略にも難行していたことから、この攻撃には内地に要塞重砲として配置している二十八センチ榴弾砲を流用しようと考え、これを分解して運び、三〇三高地を攻撃することになった。

二十八センチ榴弾砲の威力はやはりすさまじいものだった。砲撃開始から一ヵ月後の十月三十日までに砲撃した状況は、松樹山堡塁に対して約七〇〇発を射って、うち四一〇発の命中弾となり、二龍山堡塁に対しては一三〇三発の発射中六〇〇発の命中弾を得た。またさらに鶏冠山北堡塁に対しては約五〇〇発の射撃中に約三〇〇発、東鶏冠山砲台には六五〇発中三四〇発の命中弾を確認した。

要塞重砲としての二十八センチ榴弾砲の威力はすばらしいもので、これにより旅順港内のロシア艦隊を撃沈・大破させて大きな功績を挙げた。しかしその反面、不発弾も多く見られた。

元来二十八センチ榴弾砲は艦艇を攻撃し、撃沈するを目的とする海岸砲である。そのため砲弾は対軍艦向きにできている。旅順で軍艦撃沈に成功したのは当然であった。

ところが奉天会戦の沙河陣地はまだ凍結時期で、こんな凍結した土地に落達する砲弾の受ける衝撃は軍艦の甲板に落ちる砲弾衝撃とは大変な差異があった。特に二十八センチ榴の弾丸は鋼製でなく銑弾であったから、凍結した土地に落達して弾体が破壊し、あるいは信管機がこわれて半爆や不発が頻発したものと思われる。

発射弾数二〇〇〇発が完全に爆発していたなら、たとえ陣地の標定が少々不正確であっても、柳匠屯および万宝山河堡塁は何なく粉砕し、突破口を開いたものであったろう。

初の砲身長後座式火砲

日露戦争終了後、旅順要塞攻略戦の苦い経験から、陸軍部内に大きな威力を持つ特殊重砲要塞審査が議題となり、特殊重砲の研究開発費として四〇万円の予算が組まれた。

重砲の種類は、二十センチ榴弾砲、十五センチ加農砲、三十センチ榴弾砲および四十セン

四五式二十センチ榴弾砲

チ榴弾砲の四種が決定された。しかし、砲の口径はなにを基準に決定したかは不明だが、おそらくドイツに二十一センチ砲や四十二センチ砲があったため、これらに影響されたものと思われる。

この特殊重砲の研究審査の予算が通ったので、陸軍技術審査部はこれを実行に移すことになり、武田三郎大佐を主任として、まず二十センチの榴弾砲の設計に着手した。

武田大佐は砲工学校の教官でもあったが、ちょうどその頃ドイツのクルップ社から購入した新式野砲や十五榴などの火砲が日本に到着したのでこれらを分解して参考とし、バネ式砲身長後座式火砲の構造の理論を立て、それを応用して二十センチ榴弾砲の設計をはじめたが、間もなく武田大佐は砲工学校の教官として転任し、緒方勝一少佐が榴弾砲の開発を受け継ぐことになったのである。

この火砲大体の機構は、有坂中将の考案で発足したものであり、武田大佐は設計に必要な理論と計算を担当していた。砲身長後座式火砲の設計は、日本では先例がなかった。緒方少佐は武田大佐の理論を尊重してこれを基に設計をまとめ上げ、明治三十九年七月には製作図面を完成、これを大阪工廠に送って製造することになった。

しかし、実際に大阪工廠で試作が進行している現物を見ると、一メートルの長後座を許すには復座機のバネが非常に長く、またバネを収容する室も長くなり、火砲としてはやや不格好に見えたので、緒方少佐はこれを改良しようと、バネ式を圧縮空気式に改めたいと有坂中将に進言した。

これに対し、有坂中将は叱りつけるどころか快く言葉を聞き、「君のは復座機室内の空気が漏洩しないようにはどういう構造にするか」と質問されたが、これに対し進退する活塞頭と圧縮空気との間に液体（グリセリン）を入れる構造を説明したところ、将軍は即座に「よかろう、すぐやれ。それに廃砲身などで実験せず、今試作中の二〇榴でこれを実施せよ」と承諾された。

このような経緯で、新たに空気復座機の二十センチ榴弾砲を設計し、明治四十年九月には大阪工廠で砲の開発を進めた。そして便宜上は前のバネ式火砲を甲号とし、空気式を乙号として二門並行して製造を行ない、明治四十一年二月に甲号砲、四月に乙号砲が完成したので、春木射場においてこれの試験射撃を実施した。

二十センチ榴弾砲は、純国産初の砲身長後座式火砲であった。とくに空気復座機をもつ乙号火砲の試射は、不安に見守る緒方少佐の心配を吹き飛ばした。乙号榴弾砲の後座も復座も計算どおり一ミリのくるいもなく、その射撃は大成功し試験は終了した。

この様に甲号、乙号両火砲の試験は空気復座機を持つ二十センチ乙号榴弾砲が所要の成果を挙げたので、不恰好なバネ式甲号火砲の方を廃止し、乙号が制式火砲と決定された。

問題となった大口径化

次に二十センチ榴弾砲の問題は砲床であった。日露戦争に活躍した二十八センチ榴弾砲はベトン式砲床だったので、内地で分解して運びそれを現地ですえ付けて、第一弾を発射するまで時間がかかった。もし鉄製組み立て砲床としたなら、備砲工事がはるかに迅速となるだろう。

この意見が出て研究の上、各部品をおおむね二〇キロ以下に押さえた組立式砲床を設計した。この組立砲床は大阪工廠の山内善太郎技師に負う所が多かった。

組立砲床ができるとさらに欲望が起こり、火砲各部を分解して車両に編成し、繋駕運搬（この時はまだ自動車索引は考えられなかった）ができれば、本火砲の運用は軽快になるだろうといわれていた。

次に火砲の分解組み立てを容易にする四脚一〇トン起重機を製作した。そして組立砲床、火砲各部の運搬車両および四脚一〇トン起重機が完成したので、明治四十二年八月、大津川射場でこの火砲の鉄道輸送や陣地進入、実弾射撃などのテストを行ない、また深山要塞での特別演習にも参加し好成績を挙げた。

しかし、軍上層部では二十センチ榴弾砲は攻城重砲として果たして適当であろうか、旅順では二十八センチ榴弾砲を使ったではないか、今回新たに制定する重砲が二十センチでは物足らぬ感じがする。二十センチの製造を止めて二十四センチとするのが良いという意見が現われた。陸軍では至極もっともな意見であるとして、二十センチ榴も正式とするが、それに準備した材料分だけを製造して後は製造中止とし、新たに口径を大きく、二十四センチ榴弾砲の設計を行なうこととなった（二十榴は一〇門くらい製造したという）。

青島の独陣地を攻撃

こういういきさつから二十四センチ榴弾砲を設計することになったが、すでに二十榴の経験があるため、形状がよく似た二十四榴を設計するのは極めて容易であった。もちろん本砲は最初から空気復座機を採用し、火砲各部は運搬車両の編成にも便利な様に設計したので、審査も比較的速く行なわれて生産に移されることになった。

大正三年（一九一四年）六月末、オーストリア皇太子夫妻がセルビアで暗殺されるという事件を期に、第一次大戦が勃発した。日本は連合軍へつくとドイツに宣戦布告をし、ドイツ軍のアジア居留地であった中国の青島を攻撃すべく兵を進めることになる。

青島で展開・操作中の四五式二十四センチ榴弾砲

緒方中佐は横須賀の重砲兵第二連隊付として勤務していたが、大正三年八月には独立攻城重砲兵第二大隊長として青島攻略戦に出動することになった。この大隊は四五式二十センチ榴弾砲一コ中隊と同じ四五式二十四センチ榴弾砲一中隊の二コ中隊で編成され、要員は重砲兵第一連隊と同第二連隊の徒歩中隊現役兵を基幹として編成された。動員は完了したが、かんじんの火砲は大阪の兵器支廠で受領することになっている。

現品なしでは訓練はできない。この火砲を知っているのは緒方中佐のみで、他は見たこともない者ばかりである。そこで隊長みずから火砲のすえ付け法、陣地構築法や操砲などを作り、これの学科をあらかじめ教育する一方で大阪兵器支廠から火砲一式を受領し、すぐ大阪練兵場の一部を借用して四五式榴弾砲の備兵作業、操砲など中隊および大隊の戦闘訓練を実施して砲の操作を理解させた。

部隊は、同年九月末に火砲兵員共に貨物船ボルネオ丸に搭載して出航、青島に到着した。揚陸地にはあらかじめ鉄道連隊が二脚起重機を設備した桟橋を設置してあったので、火砲の揚陸作業は比較的容易であった。しかし、揚陸に費やした時間は、二十四榴中隊は兵員五八四名で二二時間、二十榴中隊は兵員五一二名で一八時間もかかっている。

当初揚陸地より陣地までは車両編成をもって、人力運搬する考えだったが、鉄道連隊で軍需品輸送のため軽便鉄道が敷設されていたので、重器材はこれによって運び、砲床構築素材と観測通信器材は軽車両をもちいて、細い道を経て先行した。

陣地はもちろん遮蔽陣地を構築、おおむね八キロの射程内に全要塞を制圧できる様にした。観測所はさらに二～三キロ前方に進め、砲観目がなるべく一線上にあるように選定して、まず二十榴の備砲作業を完了、次に二十四榴の備砲作業も終わって射撃準備となる。

十月三十一日、天長節祝日を期して全砲兵一斉に砲撃を開始した。大隊はまず要塞の重砲砲台の撲滅をはかった。観測の容易さがあったのも一因だが、二十榴や二十四センチ榴弾砲の精度が良く、一時間の砲撃で敵の大口径砲台をことごとく沈黙させた。

翌日からは中央堡塁と対等鎮堡塁とに対しそれぞれ一中隊をもって破壊射撃をはじめ、歩兵の突入孔を開くことにつとめた。

特に二十榴、二十四榴共に砲床が水平に組み立てられ、どっしりと落ちついて射撃の反動に対してもほとんど微動だにせず、命中精度も良く、千分の一に刻んでいる目盛の半分画まで修正がきく。

大隊ははじめ二十四榴をもってイルチス山北砲台、二十榴をもって同東砲台に向かい射撃を開始し、四〇分後には北砲台の敵砲一門を破壊する。ついでビスマルク山南北砲台、同観測所東砲台、同北砲台、ヤーメン砲台、総督府庁、会前岬砲台、対等鎮堡塁、中央堡塁等を砲撃し、大きな効果を挙げた。

大陸&南方での大戦果

青島要塞砲撃中、意外な珍事が起きた。それは砲弾が砲腔内で爆発した腔発である。それも一発でなく引き続いて二十榴に二門、二十四榴に二門と起きた。

これは偶然の出来事ではない。内地で炸薬を塡実して携行した数百発の弾丸は全部無事で、現地で塡実した弾丸から腔発が起きたため、戦地の攻城廠の作業の仕方が悪いのだと一応認められぬこともない。

敵を前に控えて原因探求をやっている暇はなく、急いで善後策を講じなければならなかった。司令官・渡辺少将は、以後は黄色薬を止めて黒色火薬で我慢しようということになり、その後黒色炸薬を使って砲撃を続けたが、黒色火薬でもいくつかの腔発は起きた。しかし砲身の損傷は軽かった。つねに予備火砲を後方に準備していたから、戦闘遂行に支障はなかった。

なお腔発の原因は何であるか、後に調査した結果「本砲に採用したような長榴弾では、発射衝撃で炸薬は圧縮されて自爆を起しやすい」ということがわかり、以後は炸薬を一体とせず、二・三部に分けて中間にフェルトを挟み衝撃を緩する方法をとって改良された。

青島戦で活躍した二十センチ榴弾砲と二十四センチ榴弾砲のうち、陸軍では二十四センチ榴弾砲を主体に配備することに決定した。

ちょうどロシア軍から要塞砲の求めがあったのを幸いに、大正四年十二月、製造所にある二十センチ榴弾砲をほとんど譲渡してしまい、日本から二十榴は姿を消してしまったのである。日本でも口径の異なる同様火砲は整備しづらかったものと推測する。

四五式二十四センチ榴弾砲はその後、重砲兵の主要火砲として昭和六年の満州事変に出動し、中国軍の張学良兵営の奇襲戦に参加し、その砲撃により大きな戦果を挙げた。

日華事変の南京攻略戦では、四五式二十四センチ榴弾砲を装備した攻城重砲兵第一連隊の

(上)砲撃中の四五式二十四センチ榴弾砲。(下)同砲の砲尾と弾丸

第一大隊は、歩兵部隊と相前後して前進し、南京城東方四キロに砲列陣地を設置して砲撃を開始し、敵の高射砲陣地を射撃・沈黙させ、また揚子江の敵船団に対しても急襲的な射撃を行なって南京城攻略にその威力を示し、南京戦の影の力として働いたのである。

太平洋戦争に突入した昭和十六年

十二月、第一砲兵隊は英軍が防備する香港攻略にも参加した。

部隊は重砲兵第一連隊で四五式二十四センチ榴弾砲八門を装備、第一線兵団の香港島上陸準備のための対砲兵戦を担当し、香港島の敵要塞砲や高射砲の制圧、さらに敵艦艇の撃破などを行ない、上陸準備の支援をした。

次の戦闘はバターン・コレヒドール島作戦にも参加した。装備火砲は四五式二十四榴を持つ軍直轄の重砲第一連隊で、主力をもってマニラ湾東岸に展開し、この戦闘のほか第二次バターン戦でも二十四榴で戦果を挙げた。

二十四榴の戦果

●大口径火砲の戦場での迅速な運用は可能なのか

展開が容易な重砲の開発

昭和十一年に制式化された「九六式二十四センチ榴弾砲」は、青島戦役に活躍した、四五式二十四センチ榴弾砲の後継砲とし開発されたもので、その登場は太平洋戦争のフィリピンのバターン作戦というのが一般に知られている事実である。

しかし、日華事変前に製作されているのにその後の戦場には姿はないことから、この二十四榴について調べてみようと思い立ったのがはじまりで、いくつかの新事実が発見できた。この九六式二十四榴の開発と、その戦果を見ていきたい。

大正三年に第一次大戦が勃発し、日本もドイツの極東基地を攻撃するため、中国の青島に兵を進めた。この青島戦では新しく開発されたばかりの四五式二十四センチと二十センチ榴弾砲が投入され、ドイツの青島要塞や砲台を破壊し、この二十四および二十榴の威力を示したのである。

この日独戦役に参加した四五式榴弾砲部隊は二十四榴中隊、二十榴中隊各一個からなる独立重砲大隊であって、各中隊は火砲四門を装備する徒歩編成部隊であった。それも青島戦に応急的に臨時編成部隊だった。四五式二十四榴と二十榴は戦場での実用試験を兼ねていたので、この二十榴のみは運動性および射撃効力が中途半端であるとして、国軍の制式重砲とはならず海外へ売却された。

こうして残った四五式二十四センチ榴弾砲は重砲兵の主要火砲となって装備されたが、その一方、第一次大戦に登場した各国の火砲を見るといずれも野戦移動性に適しており、我が国でも新たに装輪式の二十四センチ級の榴弾砲を要望する気運が高まっていた。

大正七、八年頃、一応研究に着手したが、当時シベリア出兵などに陸軍も動いており、この新火砲の開発は急を要するものではないとして一時中断されてしまい、手をつけられないまま日時が過ぎていた。

昭和七年頃、改めて本砲の研究を行なうことが決定された。それは次のようなものである。

「その目的は、四五式二十四センチ榴弾砲の運搬据付方式をより便利にして、特に移動砲床の埋設要せず、野戦展開時間の短縮をはかることを得、かつ威力を増大せる自動車牽引新様式の重榴弾砲とする」

四五式二十四センチ榴弾砲は青島攻撃に参加し、その要塞や砲台破壊に大きな戦果を挙げたものである。しかし、第一次大戦を経て昭和期に入り、海外の火砲も進歩した時代になってみると火砲の設置、展開（二十四榴は地面を掘削して設置）にも時間を要し、移動面でも不便さがあり、射程も短いとして、昭和九年に二十四センチ榴弾砲をより野戦的に使用可能な、また射程も従来の砲より大きな新火砲を開発することが決定されたのである。

〝中山門〟の突撃路

新榴弾砲の企画にあたって問題となったのは、その口径である。先の二十榴と二十四榴の榴弾砲を製作し、青島戦でその評価を行なったが、弾丸効力は二十四榴が良く、二十榴はやや落ちるということになっていたが、一方十五センチ加農砲と比較しても二十榴はそう大差はなく、結局一弾の効力が最も大きい二十四榴を採用することにきめた。

次に口径二十四センチでは最大射程はどれほど伸びるかも検討されたが、これは砲の重量によって左右されるものであり、火砲の分解、移動などの点からと、砲身車の重量の関係から一車の重量は大体一二トンを基準として、その範囲内に分解することを可能とし、しかも射程はできるだけ大きくすることが要求された。

そして、この種の大威力を発揮できる火砲になると、発射衝力をいかにして食い止めるかが大きな問題である。四五式二十四榴の場合、砲床を地面下に掘削埋設して、これによって射撃時の発射衝力を支持させているが、こうすれば多くの掘土をしなければならず、従って大きな労力と時間を要し、これはぜひ避ける必要があった。

火砲の構造は発射後の後座抗力を少なくすることに工夫された。このため独得な二重後座方式を採用した。すなわち、砲身は揺架に対して一メートル後座するが、同時にこの砲身、揺架を支持する小架が大架に対して約一・五メートル後座するようにした。この砲は後座抗力が非常に強いため、砲身と小架の二重後座方式を採用したのである。

これには四五式二十四榴のように平坦な地面上で受け止めて、火砲が後方に移動しないようにするには相当難しい問題があり、この二重後座式で解決できた。

また砲身の俯仰を容易にするためには、空気圧を利用した平衡機を取りつけるなど、これの機能や調整にも一苦労があったという。

こうして設計から四年をついやして火砲は完成し、昭和十一年に大津川射場で行なわれた竣工試験で成功となったものの、一部にまだ不備な点があり、これの改修と共に運搬車も完成したので、その時の皇紀年号をとり「九六式二十四センチ榴弾砲」として正式に採用された。

火砲は口径二十四センチ、全重量は三七五六〇キログラム、最大射程は一万六〇〇〇メートルである。本砲の移動は、砲身車、小架車、砲架車に分解とし、他の部品は四トン積のトレーラー式被牽引車に積載し、これを二両あてに連結、これらを十三トン牽引車で牽引運搬した。

九六式二十四センチ榴弾砲

九六式二十四榴を陣地で組み立てるには、四五式のように砲床掘土する必要なく、まず地面を水平にならして若干の杭打ちを行なうが、火砲の据え付けには約四時間、また分解は約三時間で行なうことができ、それまでの重砲据え付けよりも数段時間が短縮されたのである。

昭和十二年、制式化された九六式二十四センチ榴弾砲の実用試験が陸軍重砲兵学校に委託された。重砲兵学校では岡田峮一大尉をその試験隊長に命じて、宮城県の王城寺原演習場でこの実用テストを行なっていた。当時は製作されたばかりなので「試製二十四榴弾砲」と呼んでいた。

この火砲テスト中、日華事変が勃発した。これは同年七月七日、北京南郊外蘆橋溝で日華両軍が衝突、日華事変となって本格的な戦争へと発展していく。

このため王城寺原での火砲テストは中止され、これを北支の戦場で実際に実験してくることになり、岡田大尉のほか将校二名、下士官以下約三〇名の基幹要員として、装備火砲は九六式二十四榴一門で急遽中国へ出発した。そして大陸に渡り、支那駐屯軍司令部で独立重砲兵第一大隊から増員を得て「独立攻城重砲兵中隊」を編成した。

九六式二十四榴の部隊の戦闘は、北支で正定攻撃に初参加し、この年の十一月に中支に回されて部隊も中支派遣軍の令下に入り、さらに一路南京に向かって前進を命じられた。新火砲の威力を南京城攻撃に使おうということになったのであろう。部隊は途中、江陰要塞攻撃に参加したが、昭和十二年十二月、ようやく南京総攻撃に間に合うことができた。

南京城攻撃では東正面を攻撃する第十六師団の指揮下に入り、とくに松井軍司令官から攻撃に対する将兵の心得を訓示された。

「南京城攻撃は列強監視の下で敵の首都を攻撃するのであり、将兵は特に軍紀を厳正に守り、皇軍の名を汚すような行為があってはならない。そのためとくに命じられた部隊のみ城内に侵入し、他の部隊は城外に止まれ」という要旨であった。

独立重砲兵中隊は城の中山門に突撃路を作るよう命令され、予定陣地に進んだが、そこは敵味方交戦中で進入することができず、夕刻陣地製作を行なったが、日暮れになって敵から砲撃を受けた。敵砲弾は十五センチ級で陣地は中山門付近の城内と想定した。

当中隊の二十四榴は城壁から見えにくいが、右方の紫金山麓の高地から完全暴露し丸見えである。そのため近く林から緑樹を切ってきて土手の長さ一〇〇メートルほどのカムフラージュを施した。

部隊は突撃準備射撃後、敵が退却したので中山門を望む高地に進出、ここから九六式二十四榴の射撃を開始した。射弾は敵陣によく当たる。しかし壁上の通路がまだできていないのでやや焦っていると、「中山門の突撃路は完成した、射撃を中止せよ」との電話が入った。ふに落ちない気分で射撃を中止したが、後にわかったが射弾は門の中央にある土嚢で囲まれた鉄門扉を貫ぬいて通路ができていたのである。

この初攻撃で、改めて新火砲として装備した九六式二十四センチ榴弾砲の強力な威力を示し、戦場での実用試験となったものである。その後、中山門の南方城壁にもう一つの突撃路を作るべく、城内に対し二十四榴の威嚇射撃を実施して、敵の銃撃や砲撃に対抗した。

昭和十二年十二月十三日、日本軍は南京を完全に占領、独立重砲兵中隊はその後常州に駐屯し、翌十三年四月には横須賀重砲兵連隊へ帰隊し、この任務は終了した。

この九六式二十四榴の南京城攻撃の話があまり伝わっていないのは、昭和十一年に制定されたものの部隊への火砲装備数も少なく一門だけの試験中からの転用でもあり、事変時の動員計画でもその編成を認められていなかったようである（通常では火砲二門装備）。

一弾で火砲群を沈黙

九六式二十四センチ榴弾砲が本格的にその威力を見せたのは、昭和十六年の太平洋戦争に突入し、フィリピンのバターン半島要塞攻撃に参加したときである。日米の関係が悪化してきた昭和十六年九月十三日、独立重砲兵第二中隊に臨時編成下令、横須賀重砲兵連隊がこの編成を担当し、九月二十日に動員を完結した。

独立重砲兵第二中隊の編成は、中隊長・篠田平吉大尉、装備は九六式二十四榴二門、観測、通信、火砲牽引重車両を完備であった。

対米宣戦布告後、中隊は第二十五軍の隷下に入り、シンガポール攻略作戦に参加の予定であったが、輸送船舶の関係で本作戦には参加できなかった。

しかし昭和十七年一月、大本営の命令によって比島方面第十四軍の指揮下に入り、火砲は貨物船に積載し、主力は呉から台湾を経由、二月に比島リンガエン湾で合流し、本隊は火砲、装備品と共にマニラ集結を完了した。当時第十四軍主力はバターン半島頸部を占領し、サマット山以南を堅固に防衛する米比軍と相対峙したが、戦況は進まなかった。

そこで陸軍は重砲を増強して一挙にバターン半島およびコレヒドール要塞（カラバオ、フライレ島など）の軍事施設、要塞砲などを制圧して敵の力をくじくため、臨時に早川砲兵隊を編成し、九六式二十四榴を持つ独立重砲兵隊第二中隊はその指揮下に入った。

とくにコレヒドール島の砲台で、日本軍が最も脅威を感じたゲーリー砲台は、三十センチ榴弾砲八門で、島の東部南方斜面に配置されており、日本軍はこれの撲滅をはかったがまったく効果がなかった。さらに航空機による空中観測により射撃を行なったが、これも効果がなかった。

しかし、三度協力機により射撃をくりかえしたところ、二十四糎の七九発目が砲台の弾薬庫に命中して大爆発を誘発し、一挙に八門の三十糎を完全に破壊したのである。コレヒドール島占領後、調査によると八門とも砲床ごと転覆し砲身砲架なども四散している状態で、一弾よく八門の巨砲を破壊する大戦果を挙げたのである。

弾薬庫の爆発がこのようになったのは、八門の巨砲が密集して凹地に配備され、これが隣接して八門砲台が構成され、中央の弾薬庫とつながっていたからである。

従って日本軍の平射火砲の射弾では火砲に命中しても弾薬庫までは侵徹し難く、一弾をもって八門を転覆させ、弾薬庫が誘爆したことは本砲台の破壊に九六式二十四センチ榴弾砲をもちい、よくその威力を発揮したためで大成功となった。

ラインメタル砲の登場

昭和十二年七月、日華事変が勃発し大陸で本格的な戦争と発展した。日本軍は中国軍との戦闘の中で、敵の持つ榴弾砲に苦しめられた。当初日本が投入したのは野砲や山砲が多く、重砲をもちいたのは後半戦のことである。

敵から捕獲した火砲の中にこの榴弾砲があった。砲はドイツのラインメタル社で一九二八年から開発され、一九三五年に初の型が出た口径一〇・五センチ軽榴弾砲一八型でドイツで

(上)中国戦線で捕獲されたラインメタル社製重榴弾砲
(下)射撃姿勢のラ式十五センチ榴弾砲

は一〇・五センチ1eFH18と呼ぶ。ドイツ軍では師団砲兵の中心火砲として使用されたものであり、普通の弾薬のほか曳光弾や焼夷弾、発煙弾、対戦車砲弾も使用でき、牽引車で野戦向きのものであった。

中国軍は日本と戦端を開く前から沿岸防備用に昭和七年頃より各国から要塞砲や重砲を数門買い求めており、ドイツからはフォン・ゼークト将軍を通して購入した。

日本軍はこの榴弾砲によって前進を阻止され、火砲や車両なども破壊されたことから、まず南京戦で一門を捕獲、続いて各戦線でもラインメタル砲を押収し、これを日本に送付して我が国の火砲開発の参考としたのである。

国内の技術部門の評価はまちまちであったが、ラインメタルの榴弾砲としては優秀であり、しかも車両牽引で野戦行動も楽なことからこれを整備して使用することを決定した。これに対する評価は次のものであった。

「野戦加農の特異性は大初速を有し命中精確な点にある。それを利用して敵陣地の構築物を破壊し、かつ遠距離から敵を制圧する任務を有す。この点において到底野砲のおよぶところではない。また我が歩兵の前進を阻止しようという敵砲兵を遠方から制圧するため重要である」

この火砲は日本式に「ラ式十五センチ榴弾砲」と呼んで整備することになり、砲は開脚でも、また脚を閉じていても射撃ができる特徴をもっていたが、押収した他のラインメタル軽榴弾砲は、中国の戦場にあり思うようにこれの整備活用は進まなかった。

他にこの火砲砲架を利用し、これに技術本部で設計した「試製二十センチ臼砲」も試作されたが、その修正は昭和二十年四月ごろまで続いた。

九六式十五センチ加農砲

●大口径・長射程の日本陸軍秘蔵の火砲の性能は

〝比島陣地戦〟の切り札

昭和十一年に開発された九六式十五センチ加農砲は要塞、攻城両用に設計された火砲で、それまで重砲兵に装備されていた八九式十五センチ加農砲の一万八一〇〇メートルにくらべ、二万六二〇〇メートルの長距離射程と一二〇度の広射界を特徴とする火砲であった。

この長距離射撃ができる九六式十五センチ加農は、フィリピンのバターン作戦に投入され、これを装備した独立重砲兵第二中隊はコレヒドールの要塞攻略戦に参加し、敵の砲台および榴弾砲を砲撃粉砕し、他の砲台制圧に大きな効果を上げた。

またその一方では、満州の穆稜（以下ムーリン）で編成された独立重砲兵第一中隊も、この九六式十五センチ加農砲二門を装備しており、昭和二十年にソ連が日ソ不可侵条約を一方的に破棄して攻めこんだときには、進撃してくるソ連の重戦車を九六式十五センチ加農の直接照準で二〇台近くを撃破したという。

独立重砲兵第二中隊は昭和十六年八月末、横浜重砲兵連隊で編成され、当初の装備火砲は九六式二十四センチ榴弾砲二門であった。中隊は隊長以下重砲兵学校の教導隊員を主力に編成し、太平洋戦争開戦翌年の十七年一月末、命令によりフィリピン派遣を命じられた。

上陸後、中隊はバターン攻撃まで重砲によるマニラ湾口の要塞を砲撃することになり、観測所をジャングルをかきわけて進みつつ、敵前三キロの地点に設置した。

このマニラ湾口の砲撃では、カラバオ島の敵指揮中枢に対して集中射撃ののち、さらに同島右端にある十五センチ加農砲二門を砲撃で破壊し、また最後に同島の出入口の破壊を行ない、数発の命中弾を得て目的をはたした。

次に部隊は陣地を撤収しバターンへ転進することになった。バターンでの地域は敵から見下ろす地形で遮蔽陣地にとぼしく、また高地帯はジャングルにおおわれており、良好な視界を得られない不利があった。

しかし、砲観測所をナチブ山麓に置き、敵の正面を観測できるように火砲の陣地進入を行ない、土嚢で掩体強化につとめた。

四月三日、総攻撃準備射撃をすることになり、中隊は第四師団の右翼正面の目標を攻撃支援のため敵重要拠点を制圧後、翌四日になって主火砲の九六式二十四センチ榴弾砲一門が腔発を起こした。残りの一門だけで射撃を続けなければならなくなり、やむなく中隊は命令に

（上）九六式十五センチ加農砲の平射姿勢。（下）同砲と人物の対比

よって陣地を撤収することになった。

陣地撤収後、オランル地域に集結したが、このとき新たに火砲を補充されることになり、装備されたのが新鋭の「九六式十五センチ加農砲」二門だったのである。中隊はこうして二種の火砲を持つことになったが、操砲には両砲とも熟知しており、かえって意気が上がったという。

重砲兵第二中隊はコレヒドール島要塞攻略

戦を命じられ、中隊は両種火砲を同一陣地にして戦うことをきめ、陣地を選定後まず九六式十五センチ加農を進入させた。

二月十二日朝、コレヒドール島、カバロ島の敵砲兵は活動を開始した。中隊はコレヒドールの西端に砲兵陣地を発見、ただちに砲撃を加え撲滅した。これが九六式十五センチ加農による緒戦の初戦果であった。

そしてコレヒドール、カバロ島の探照燈、指揮所や砲台の破壊制圧を行ない、特にカバロ島のクレーギル砲台の三〇センチ級榴弾砲四門、フライレ島の三六センチ加農砲二門二基砲台の制圧攻撃には最も苦心をしいられたのである。

とくにクレーギルは射距離一〇キロ、擂鉢状の底部にあり、気球観測や空地観測で高射界射撃を行ない、やっと二門を破壊したという状態であった。またフライレ島では一六キロの海上砲は、わが射撃間は砲塔がソッポを向くので反撃はなかったが、この砲塔からの砲撃では日本軍が多大な痛手を被った。

四月十二日の朝、コレヒドールに対し十五センチ加農をもって射撃開始以来、五月七日の敵降服までクレーギル砲台に対して射撃し、二十四榴で四回＝一二四発を発射した。

次にフライレ島に対しては、十五センチ加農で延べ六回、一四六発を撃ちこみこれを制圧したが、部隊としては満足できる成果はあげられなかったことは無念だったという。

このフィリピン作戦のバターン半島攻略は作戦を開始してから一二三日かかって全作戦を

終了することができた。

〝関特演〟の切り札火砲

昭和十三年八月、重砲兵連隊が満州の阿城で誕生した。初代連隊長は染谷義雄中佐で、連隊は八九式十五センチ加農砲八門よりなり、関東軍における最初の大口径加農砲を装備した遠戦を主とする砲兵部隊であった。

昭和十四年五月、ノモンハン事件が勃発し、部隊はこれに参戦することになった。ただちにムーリンを出発し、ハイラルをへて戦場の第二十三師団長の指揮下に入り、野戦重砲兵第三旅団、独立野重第七連隊と共にソ連軍と対砲兵戦を演じた。

日ソ両軍の死闘は激烈を極め、ソ連軍は大攻勢を開始した。染谷部隊の主力は歩兵をともなう敵戦車の包囲攻撃を受け、勇戦奮闘したが敵戦車群に蹂躙され、部隊長以下火砲と運命を共にされた。

一方、陸軍はノモンハン事件の苦戦を考慮して、これを応援するため同年の八月中旬には、内地で独立重砲兵第十中隊を急遽編成し、これに九六式十五センチ加農砲二門を装備してノモンハンに急行せよという内命を受けた。だが、一門は完成していたが、もう一門は生産中であり、残り一門は完成次第、後送するからまず一門を持って出発せよというあわただしさである。

中隊は九月十八日に大連に到着、砲を揚陸してノモンハンに向かう列車搭載準備中に、日ソ間に停戦協定が結ばれ、「停戦協定成立、独立重砲兵第十中隊は旅順に駐留せよ」との命令を受けた。

早速、関東軍司令部に出頭して、チチハルからジャラントンまで夜間のみ寒地行軍を実施する許可を得て強行したが、中隊の幹部も要員も満州の酷寒体験がなかった。その上牽引車や火砲に馴れておらず、故障続出と一酸化炭素中毒や凍傷患者をあわせて二十数名続出するというトラブルが発生した。

そのため、第一中隊は翌十五年三月、一切の装備を関東軍に残して内地に帰隊することになったのである。

昭和十六年七月、関特演によりムーリン重砲兵連隊は、独立重砲兵第六大隊と改称され同年九月、九六式十五センチ加農二門を主装備とした独立重砲兵第一中隊が新たに編成された。要員は第六大隊と阿城重砲からの兵員により十月に完結した。

部隊は第五軍司令官の隷下に入り、虎林正面攻撃に参加することになったが、虎林では充分な戦闘が行なわれないまま作戦は終了し、ふたたび中隊はムーリン重砲兵連隊跡に移駐した。

昭和二十年八月十三日、ソ連軍と開戦となり、戦車をともなう歩兵二コ大隊と戦うことになった。開戦と同時に十五センチ加農二門を装備し、ムーリン橋を渡ったが、代馬溝の陣地

（上）九六式十五センチ加農砲の組立作業。（下）同砲の火砲基部

に入れず、やむをえず不整地を十三トン牽引車で牽引してやっと一門だけは布陣した。しかし他の一門は湿地にめりこんで動きがとれず、全員で努力したが駄目で、砲の主要部分を分解、車輪を外して谷底に落とし使用不能として放棄した。

　そのため、残る十五センチ加農一門で東寧街道を歩兵をともなって進撃してくるソ連の重戦車に向かって直接照準を行ない、二〇台近くを撃破、弾がつきるまで撃ちまくったという。そして八月十四日、根本隊長が自決すると共に全隊壊滅した。このとき、残りの一門が湿地に陥没したことはかえすがえすも残念であった。

ここで九六式十五センチ加農砲の開発を見てみよう。同砲は昭和七年に研究が始められた。従来の十五センチ加農砲には四五式十五センチ加農と八九式十五センチ加農の二種があり、前者は海岸砲台用として固定砲架上にすえ付けて要塞砲に使用するのに対し、八九式十五センチ加農は装輪式火砲であった。しかしこれらの加農砲は射程が短く、その頃欧米の加農砲は約二五キロメートルの最大射程をもつものが研究され、一方では野戦用の火砲威力が増大しているのをきき、我が国でも十五センチ加農砲として大威力火砲が要望されるようになっていた。これは世界的な傾向でもあった。

ここで新たに開発する加農砲には海岸要塞用とするが、海岸防備を必要ない状況下では、これを取りはずして野戦にも転用しようという考えから始まり、従って新十五センチ加農には当初から運搬性装備を持たせておくことは便利であるだけでなく、砲台すえ付けとなっても、平時から砲台要地に火砲を配備して防御のために塹壕を設置すればよく、また戦備作業には野戦と同様な工事をするだけで射撃準備を完了することが可能であった。

火砲自体も平時から砲台にすえ付けておく必要はなく、通常は砲具庫に入れておき、つねに保存と手入れをおこたらないことにある。

このような考え方に従って新加農砲の設計が具体化された。まず新方式の砲床を開発、製作にあたった。砲は前者の四五式十五加農のように砲の基部砲床を埋没する方法でなく、地面を整理した上に直接砲床部分を組み立て、駐鋤を打ち込むことにより砲座を安定させて射撃可能としたものである。

この長砲身と揺架の開発と設計は大阪工廠の奥山技師（のち技術大佐）が主任となって設計研究した精華であり、約三年を経て完成し、砲の製造は大阪工廠を経て日本製鋼所で進められた。この揺架には、定後座のものと変後座のものと二種が試作されている。

このように、火砲の開発と製造が促進されたが、それよりも先に海岸要塞建設実行計画の十五センチ加農砲には、従来の四五式十五センチ加農を改造固定式にしてあてることになっていたが、実際にはこれに相当する火砲がなかったため、急遽九六式十五センチ加農を充当することになり、本砲の試作が急がれたが、かんじんの素材不足の関係で、この製作も遅れがちであった。

短かった砲身の寿命

一方、要塞にすえ付ける十五センチ加農の整備を急ぐ関係上、ついに旧式の四五式十五センチ加農の改造固定砲を新造するということになり、新規の火砲開発なら前の九六式十五センチ加農の方へ力を入れてほしいという開発関係者の意見であった。

当時陸軍が要塞砲にこだわったのは、各国における要塞火砲や艦船の進歩が急速に進んだことと、砲台には機動力はないため火力は敵艦の火砲より優れていなければならず、また敵艦が火網より離脱する前に、猛烈な攻撃を続行しなければならないから、急射撃による濃密な火網を構成するには発射速度の早い火砲を多数すえ付けなければならなかった。

それに各要塞は旧式化し、関東大震災で要塞が破壊したこともあり、要塞用火砲が望まれたのも無理からぬことであった。

このような曲折から十五センチ加農の開発は遅れたため、昭和十一年に予定していた特別砲兵の研究演習にも間に合わず、この演習後の昭和十一年八月にやっと火砲を竣工することができた。

竣工テストでは良好な成果が得られ、砲床も設計どおりの強化を示し、続いて翌十二年に実施された修正機能試験では、駐退機を定後座長式のものとすることが決定され、火砲の射撃弾道性や、操作、運搬などの各種実用試験が続けられた。

その一方、陸軍重砲兵学校では実用と共に編成などに関する研究準備が行なわれており、新たに十六トン重牽引車も製作された。

九六式十五センチ加農は単一箭財砲床式の火砲であり、運搬移動にはトレーラー式の九四式三トン被牽引車に分載、これを砲身車、砲架車および砲床車の三部に分解し、十六トン重

（上）十六トン重牽引車。（下）九五式十三トン牽引車。左は九四式被牽引車

牽引車をもって牽引する方式であった。

またこれの付属品や予備品は九二式八トン牽引車か九四式六輪トラックで行なわれた。

十六トン試製重牽引車は、九六式加農など新様式火砲用に開発されたボンネットタイプで視界を広く、エンジンを中央に置き、操砲に動力を使用（力作機と発電機を装備）し、牽引力の増大をはかった新基軸の車両であった。従って優秀な運動性を有し、普通路では時速二〇キロメートル以上に達していた。

しかしバターン戦や大陸での移動は九五式十三トン牽引車を使用し、重牽引車の生産は間に合わなかった。

本砲の最大射程は二五キロメートル以上であるため、初速、腔圧が大きく砲身の焼蝕が早まることが予想され、将来は砲身内管の交換が可能なように考慮された。

九六式十五センチ加農砲は、昭和十四年の操典改正から攻城重砲兵の基準火砲としてあげられ、バターン作戦やムーリンで活躍したのをのぞき、主に国内要塞砲として整備され、東京湾花立砲台、鎮海湾機張砲台、津軽汐首岬の砲台や壹岐生月砲台などに配備され、海岸防備砲としてすえ付けられた。

ノモンハンの対戦車砲

●口径三七ミリ砲では敵戦車に有効な打撃は与えられない

戦車VS対戦車砲の戦い

歩兵七十一連隊のノモンハン戦記から……。

『昭和十四年五月下旬、東捜索連隊救援のため、連隊砲二、速射砲二の臨時混成中隊長として出動、敵弾の洗礼をはじめて浴びたのである。前進するに従い、戦闘の生々しい残骸が点々と目に入ってくる。焼けただれたトラック、装甲車など（略）。

その時「右前方敵戦車！」の鋭い声。

振り返ると、西北開放翼に向かい、六台のソ連戦車が砂塵をまいて殺到してくるではないか。

「速射砲、小隊砲据《す》えっ」

間髪を入れず、小隊長・沖本少尉の下命。

「目標、先頭戦車、五〇〇撃て！」

下士官候補者と上等兵候補者から選抜編成してきた各砲手の機敏な動作は胸のすくものがある。私の号令から一分足らずで初弾発射。

「続いて撃て」

命中だ。グワーンと手応えを感じると同時に、先頭のソ連戦車が火を吹いて停止、乗員が車外におどり出た。出動まで移動目標に対する実弾射撃は一度も機会に恵まれず、模型に向かって射撃予習に励んだだけであって、一抹の不安を禁じ得なかったが、二発目命中擱座炎上の事実は、九四式三十七ミリ砲で敵戦車の装甲を貫徹できるという信念を確立した。

この日、我が戦死傷は各一、速射砲破壊一で、敵に与えた損害は戦車、装甲車擱座三、炎上二である。それから九月の停戦まで、歩七十一速射砲中隊はつねに自信をもって敵戦車と対決し、戦闘熾烈となり、小隊長以下ほとんど戦死傷、速射砲六門を潰したが、我もソ連軍戦車二六台を破壊炎上させている。

だが、八月下旬来襲したソ連の新型戦車には九四式三十七ミリ砲では貫通し得なかった。』

各国の速射砲にならって

第一次大戦の西部戦線に戦車が登場して以来、各国は戦車の開発装備に力を入れることになったが、その一方でこれに対応する対戦車火砲が生まれる結果となった。当時の戦車は主力戦闘兵器ではなく、攻撃する歩兵支援が任務であった。

日本は満州事変や上海事変を体験して（両事変では対戦車戦闘はなかった）、相手の支援戦車に対して、その対抗手段に対戦車砲を装備する考えが生まれたのである。そして、歩兵に装備するものとして、運動性の良い軽量かつ低姿勢で、敵からの発見困難なものが要求された。そのため、野戦砲ではその要求をみたすことができず、しかも射撃目標が戦車に限られるなどの点から不適であるとされた。

このような理由から、射距離約五〇〇メートルで当時の戦車装甲を貫徹できる小口径の対戦車砲へと進んだ。当時ドイツ、スウェーデン、チェコスロバキアなどは三七ミリ砲を、イギリスは四〇ミリ対戦車砲を、フランスは二五ミリ砲を採用していた。

我が国でも各国にならって三七ミリ砲ときまり、昭和八年に設計に入り、この年の十二月には陸軍技術本部が試作砲を完成させた。陸軍では最初の対戦車砲であった。

対戦車砲としての開発要目は、口径三七ミリの平射速射砲とし、操作運動性上、重量三〇〇キログラム内外とする。

砲の威力は射距離一〇〇〇メートルで二〇ミリ厚の装甲板を貫通し、弾丸は戦車内で炸裂して破片効力を発揮しうることなどが主目標であった。

試作した砲は少し改良を施され、ただちに歩兵学校で実用テストが行なわれた。その結果、

（上）兵器学校の九四式三十七ミリ速射砲
（下）野戦場で展開する同砲

歩兵があつかう対戦車砲として充分な威力があると判定され、九四式三十七ミリ速射砲として、昭和十一年二月に制式採用となった。

そのデータは、口径三七ミリ、弾薬は九四式徹甲弾および九四式榴弾を使用して、目標に向かって直接照準を行ない、初速七〇〇メートル／秒、最大射程は弾種によって異なるが約六〇〇〇メートル、戦車装甲の貫通威力は最大厚さ三〇ミリである。徹甲弾には少量の炸薬が入っているため、貫通後は戦車内部で爆発する。

発射速度を増すために砲の閉鎖機は自動式で、発射後、空薬莢は自動的に排出され、次装塡の状態となる。

発射速度は一分間に三〇発ていどである。九四式三十七ミリ速射砲の車輪は鋼板製で、射撃開脚時には砲の操作が楽にできるよう左右に三〇度鋼板車輪が開くことが可能な特色をもっていた。

砲の防楯は厚さ四ミリの防楯鋼板で作られ、砲手や弾薬手を充分防御することができる。速射砲の車輪は当初鋼板製だったが、その後木製車輪に変更され、その後は木製車輪が本格的になった。

砲の全重量は三三〇キロで、これを一頭の馬で曳くか、あるいは分解して四頭の馬にのせて運び、ノモンハンではその威力を発揮してBT戦車を血祭りに上げた。

大型化した火砲の口径

●一式三十七ミリ速射砲

九四式三十七ミリ速射砲の研究途中は、これで充分であったが、その間に戦車技術は急速に進歩し、装甲鈑の厚さはしだいに増加した。

九四式三十七ミリ速射砲が制式になった当時は、戦車の方が向上しており、ノモンハンではBT戦車に対して威力を見せたものの、T－26には歯が立たなかった。

陸軍は対戦車砲としては威力がおとっていた九四式三十七ミリ速射砲の初速を増加するために砲身を延長し、薬室容積を大きくした改造三七ミリ砲を再設計し、合わせて新徹甲弾も開発し、試製一式三十七ミリ速射砲として採用した。

この砲は前の九四式より初速が八〇メートル／秒と増加しただけであって、その形状構造も大きく変わったものではなかった。

ただ、九四式の最大射程六〇〇〇メートルに対し、六三〇〇メートルと延びていた。一式三十七ミリ砲は、昭和十六年末のテスト時に事故が発生し、強度上も問題視された。しかしこの砲は太平洋戦争のパレンバン降下作戦に投入され、大型輸送機で運搬、敵飛行場に胴体着陸し、空挺兵器としても使用されている。

一式三十七ミリ速射砲にはその砲弾も開発されたが、砲・弾薬共に生産量は少なかったようである。

●一式機動四十七ミリ砲

戦車の発達とともに、装甲鈑の厚さはしだいにふやされ、その材質も向上し車体にも避弾径始が取り入れられ、三七ミリ砲では相手の戦車に有効な打撃が与えられないではないかという懸念が陸軍技術本部内でも検討された。ノモンハン事件のころである。

戦車の装甲鈑を貫通するのには、対戦車砲の徹甲弾によるほか手段のなかった当時としては、貫通力を増加するためには弾丸が命中した時に生ずるエネルギーを増加することが必須であり、それには弾丸質量、すなわち重量を増加させて速度を大きくすることである。

弾丸重量を増すには、砲の口径を大きくし、初速を大きくするには砲身の長さを延長しなければならない。そこで従来の三七ミリ砲よりも一段と威力の向上した四七ミリ対戦車砲が研究開発されることになった。

日本はそれまであまり対戦車砲に関心をもたなかったが、昭和十四年にドイツがヨーロッパで電撃戦を展開し、あわせてノモンハンでの戦闘で戦車や対戦車砲に対する認識をあらため、新規な対戦車砲を研究するようになったのは当然のことであったろう。

九四式三十七ミリ速射砲のように威力が小さく、そのうえ馬に駄載また輓曳して行動するというのは戦場の要求にもそぐわないとして口径と初速を増加した。

自動車牽引による軽快な移動性をもつ対戦車砲の開発に着手し、昭和十五年に砲が完成。

ただちにその運行試験と対機甲テストが行なわれた。

この結果、砲の閉鎖機と撃発機の形式を九四式三十七ミリ速射砲と同様の型式に改良され、また防楯型式も避弾径始を考慮して傾斜した型式を採用した。

防楯は厚さ四ミリの防弾鋼板をもちいた一枚防楯で、約四五度の傾斜をつけて取り付けられ、通常七・七ミリ弾に耐えることができる。また当初一板鋼板であったが、後に生産性の問題から二枚合わせで作られた。

対戦車砲は昭和十七年一月、一式機動四十七ミリ砲として制定された。砲の機構は一式三十七ミリ砲を進歩させたもので、口径を四七ミリと増大し、傾斜した防楯をつけて、機動の名称どおりゴムタイヤを装備し、通常は自動貨車（トラック）で牽引していたが、後に機械化砲兵に転用されると、装軌式の観測挺進車で牽引、より野戦での機動性を高めた砲となった。

一式機動砲の特徴は、比較的軽量で操作性が容易であり、半自動式の水平閉鎖機によって空薬莢の排莢や次弾の装塡閉鎖がスムーズに行なうことが可能なため発射速度が速く、固定目標には一分間に最大二〇発で射撃することができた。

砲身は結合式で砲口部に補強環が装着されており、砲の俯仰角はプラス一八度からマイナス八度で、直接戦車に照準を定めるため特に大きな仰角をとる必要もなかった。

その反面、高速で移動する戦車に対応するため、左右の旋回は五八度も可能だった。目標

(上)一式機動四十七ミリ砲
(下)九五式戦車を目標にした同砲の対戦車戦闘訓練

に対して射撃姿勢をとる場合は、長い両脚を左右に開いて後端の駐鋤を地面に打ちこんで固定、一方砲手は砲を操作照準して弾をこめ、ただちに初弾を発射して戦車を撃滅する。

一式機動四十七ミリ砲のデータは次のとおり。

口径　四七ミリ
砲身長　二五二六ミリ
砲身重量　一五四キログラム
砲架様式　開脚式
放列砲車重量　八〇〇キログラム
運搬様式　自動車索引
方向射界　五八度
高低射界　プラス一八度〜マイナス一〇度
弾量（一式徹甲弾）　一五〇〇キログラム
初速　八三〇メートル／秒
最大射程　六九〇〇メートル

独製の補獲砲を使用

●試製機動五十七ミリ砲

ノモンハン事件が終了して、陸軍は戦車に対する認識を改めざるを得なかった。またヨーロッパにおける地上戦の状況や兵器装備の点を見ると、戦車はしだいに重装備となる傾向にある。そうなると四七ミリの対戦車砲だけでは威力として不充分であり、ノモンハン事件の終わり頃にはBT系を発展させた大量生産型のBT－5中戦車が登場してきた。このBT－5は四五ミリ砲の代わりに七六・二ミリ榴弾砲を搭載した強力な近接支援戦車であった。

これでは四七ミリ対戦車砲では威力不足も明白で、これより一級上の火砲として口径五七ミリの自動車牽引式の対戦車砲の研究開発を目ざすことになる。

本砲の研究目的は「重戦車に対する機動性を有する対戦車砲」で、昭和十六年十月に研究着手して設計を行ない、大阪造兵廠で二門の試作と予備砲身二門を注文した。

しかし、この年の十二月に太平洋戦争に突入したため、対戦車砲の試作は大幅に遅れ、試作砲が完成してこれの性能テストを実施したのは昭和十七年の夏頃であった。

試製機動五十七ミリ砲は揺架形式が違うものが各一門ずつ試作されていたが、試験結果は砲の機能抗堪力はほぼ良好であった。

そして翌十八年の射撃性能は「良好にして実用価値があるものと認む」という判決を得たが、戦局も激化し、南方戦線では米軍のM4シャーマンも登場している状況下では、口径五七ミリ級の対戦車砲を研究している時機ではないという意見が多く、これの研究開発は中止となり、試作砲のみで生産には移らなかった。

●ラ式三十七ミリ対戦車砲

昭和十二年に日華事変が勃発して日本は中国大陸に兵を進め、各地で激烈な戦闘が行なわれた。中国軍の対戦車砲が登場してきたのは南京城攻撃の時である。

矢口軽装甲車中隊の一小隊が、城内に突進して城内蹂躙に出かけた。城門を入ると直ぐ前方からこちらへ向かって撃ってくる敵の対戦車砲が二門ある。軽装甲車は対戦車砲に向かって突進した。距離三〇〇。ところが先頭の軽装甲車は、不幸にも敵の対戦車砲弾により、機関を撃たれてガソリンに引火し火災を起こし、車長と操縦手は二人とも壮烈な戦死を遂げたのである。

中国軍が初めて日本の戦車に対して三七ミリ対戦車砲を使用したのは、昭和十二年九月ころのことであった。中国軍は昭和七、八年頃より軍備の充実をはかり、ドイツからラインメタル社製三七ミリ対戦車砲を大量に買い求めており、対日戦車戦にこれを使用した。

これをはじめとして、進撃する戦車に対する攻撃があいつぎ、戦車が破壊される被害が続いた。陸軍は各地の戦闘でこの対戦車砲を捕獲し、中支で九門、南支で三〇門、第二期中支戦で三〇門が記録されているが、実際にはもっと多くのものが日本軍の手に落ちている。

ラインメタル三七ミリ砲は木製車輪とタイヤ付きがあったが、タイヤ付きがもっとも多く、その威力は九四式三十七ミリ速射砲よりも向上していた。陸軍技術本部はこの対戦車砲を取りよせて活用することをきめ、日本へ入ったのを改良してラ式三十七ミリ対戦車砲として採用し、他のものはラインメタル対戦車砲として現地整備した。

日本で改良したのは緩衝装備や車輪、照準機などで、タイヤはスポーク付きに修正されている。技術本部の記録には、ラ式三十七ミリ対戦車砲は改修中、十五年十月改修完了の文がある。現地で整備した砲は現地部隊で使用したといわれるが、その記録は不明である。

戦車砲

●主力戦車に搭載された三七／五七ミリ戦車砲

戦車の代表的な武装

戦車は戦闘するための車両である。そのため設計はまず必要な攻撃兵器の決定によってはじめられる。戦車にのせる兵器は主砲として戦車砲や機関砲、それと副装備として搭載される機関銃などがある。また戦車によっては、主要兵器に火焔放射器を搭載するものもある。

戦車に設置する戦車砲は、一発の弾の威力が強力で発射速度が早く、しかも軽量で取り扱いがよくすみやかに照準操作のできるものがよく、弾丸を発射する力の強い砲はその弾道がもっとも直線に近いものが求められる。そのため弾の発射速度がはやく、目標進行方向が安定し滞空時間が短いのが良い。

戦車砲弾もなるべく近い距離を短時間に飛ぶ方が、その命中精度がよく、貫徹威力が強いわけである。この種の方をカノン砲といって、戦車に搭載する兵器としてはもっとも代表的なものである。

●八九式戦車砲

大正十五年（一九二六年）、大阪砲兵工廠で試作したわが国初の第一号戦車が完成した。昭和二年（一九二七年）の中期試験のため、大阪から御殿場まで汽車による輸送を行なった。はじめて作った戦車ということで軍や民間にも大きな関心を呼び、陸軍省や参謀本部、歩兵学校などの軍首脳部が見学に来ているなか、一号戦車は御殿場から板妻までの八〜一〇キロを走行した。

巨大な試作戦車がフルスピードで大きな音を立てて走るため、見物人は大喜びだった。この大成功に参謀本部もやっと安心し、国産戦車の製造が可能であるという自信と予想が立てられるようになった。

しかし、この一号戦車の一八トンは重すぎる。なるべく軽い方が良いという意見が取り入れられ、参謀本部が要求したのは約一〇トン、その要望に合わせて造られたのが八九式軽戦車であった。この戦車が開発された時点で、各方面、各関係部門に知ってもらおうとして、陸軍技術本部が配布したガリ版刷りの書類、いわゆる説明書「八九式軽戦車仮制定の件」が出された。昭和四年六月のことである。

この中に八九式軽戦車概説があり、その武装に対しこのようにのべてある。

戦車の武装、

――砲塔に五七ミリ戦車砲および機関銃をカンザシ型に装備、なお機関銃一梃を操縦手右側に付し予備的に使用させ、砲弾一〇〇発（これは搭載可能かなという疑問も浮かぶが……）銃弾二五〇〇発を携行し得るので他の戦車に比較して実に強大な武装なり。

また装甲には、

――本戦車は予想敵弾の多寡を考慮し、正面一七ミリ、側面、後面、砲塔一五ミリ、側面の大部分は二重装甲とし、上面一二ミリ、底面五ミリの優秀なる防楯鋼板を使用し、その三七ミリ平射砲弾に対する抗力は厚さ一七ミリのものは最近距離より、厚さ一五ミリのものは四〇〇メートルよりの直射に対し、厚さ一二ミリのものは四〇〇メートルの斜射に対して安全にして、二重装甲の対弾成績も良好である。

と記してある。

●九〇式五七戦車砲
八九式軽戦車に搭載する火砲として、大正十五年二月より研究に着手して昭和二年七月に完成したものである。この試作砲を八九式軽戦車に搭載して射撃試験を行なったが、照準機構が適当なものでなかったため、これを肩当て照準式に改めることになり、この改修砲がで

九〇式五センチ七戦車砲搭載の八九式中戦車

き上がったのは昭和四年三月であった。

その後、八九式軽戦車に搭載装備して御殿場の富士裾野や関山などで実用テストをくりかえし、さらに砲と照準具に対して改修を行ない、実用に適すると判断された。陸軍の制式化が上申されたのは昭和五年四月のことで、制式に「九〇式五センチ七戦車砲」となったのは同年四月二十五日であった。

この頃、八九式軽戦車の様相も形態や装甲も強化されていたが、翌年の昭和六年に満州事変が勃発、この年の十一月、久留米の第一戦車隊と歩兵学校の教導戦車隊から戦車と兵員を出し、臨時派遣戦車小隊を編成して満州に派遣した。これを関東軍装甲自動車小隊と合して「独立戦車第一中隊」を編成、(隊長は百武俊吉中尉)であった。

当初の戦車装備はルノー甲型と乙型の混成装備であり、この年に完成した八九式軽戦車はやっと一二両であった。事変は戦車に試練の場を与えることになる。

この八九式軽戦車もただちに満州へ送られたが数は少なかったという。八九式軽戦車を合わせた独立戦車第一中隊は、早速第二師団に属してハルピン付近の戦闘に参加、戦車隊としてその緒戦を飾った。

続く翌一月十八日、戦火は上海に飛び火し、第一次上海事変がはじまった。再び久留米の第一戦車第二中隊を編成（隊長は重見伊三郎大尉）、これは上海に派遣された。この中隊の戦車編成は八九式軽戦車（甲）五両とルノー乙型戦車一〇両の混成であった。

この中隊の戦闘はクリークを利用した敵の野戦陣地に対する攻撃と歩兵部隊に協力し、城壁やコンクリート構造物を利用する敵に対する市街戦であり、これらには大きな効果を発揮できたが、その半面戦車砲の射程が短いことが指摘されている。

●戦車砲弾

八九式中戦車（昭和九年頃に中戦車に改められる）に搭載する九〇式五センチ七戦車砲弾薬は、九〇式榴弾と九二式徹甲弾の二種である。後にはこれに九〇式代用弾と空砲が追加されているが、初期には前者二種で制式には、九〇式榴弾弾薬筒、九二式徹甲弾弾薬筒と呼ばれる。

九〇式榴弾は全備弾量約二・三六〇キログラム、全備弾薬筒量、約二・九一〇キログラム

九〇式五センチ七戦車砲弾薬（九〇式榴弾）

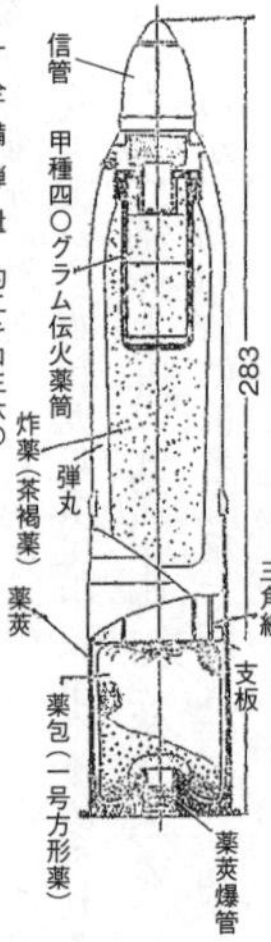

一 全備弾量 約二キロ三六〇
二 全備弾薬筒量 約二キロ九一〇
三 信管 八八式短延期信管「野山加」
四 威力半径 約十五メートル

九〇式五センチ七戦車砲弾薬（九二式徹甲弾）

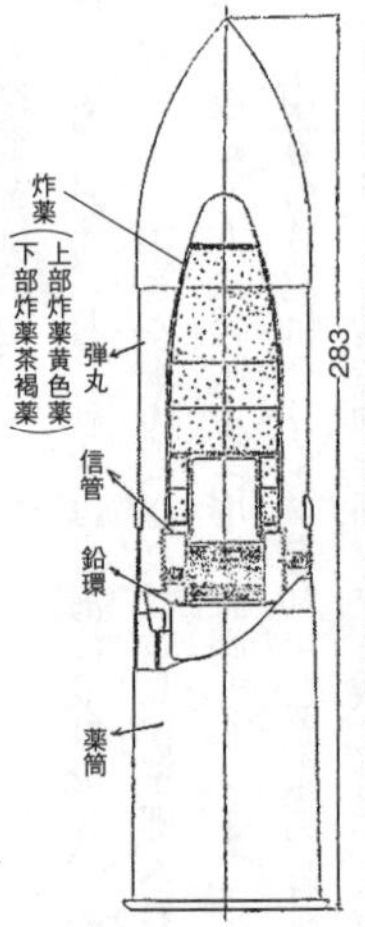

一 全備弾量 約二キロ五八〇
二 全備弾薬筒量 約三キロ一三〇
三 信管 九二式小延弾底信管
四 薬筒 九〇式榴弾弾薬筒のものに同じ
五 侵徹威力 二〇ミリ銅板に対する貫通限界距離 一二〇〇メートル

である。弾頭の信管は八八式短延期信管「野山砲加」を用い、その威力半径は約一五メートルである。これは弾丸および薬莢からなり、弾丸は構造物の破壊ではなく、主に人馬殺傷や野戦陣地の破壊に使用するため、弾丸の弾肉を薄くして中空部の容積を大にして中に炸薬（茶褐薬）を多くしたものである。弾体は鋼もしくは鋳鉄で作られ、目標に当たった時に破壊殺傷効果を大きくしたものである。

　一方、九二式徹甲弾は、全備重量二・五八〇キログラム、全備弾薬筒量三・一三〇キログラムで、信管は弾丸の底部に設置し、これは九二式小延弾底信管である。薬莢は九〇式榴弾のものと同じ。弾体は主に敵の強固な建造

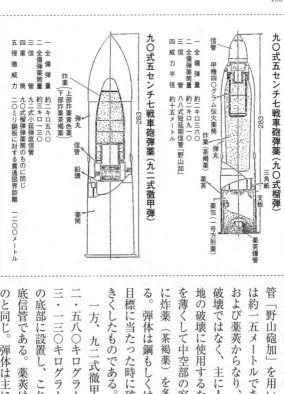

物や対戦車戦など大きな抗力のある目標を侵徹するため、弾自体が破壊しないよう、弾肉、特に頭部を厚くし、内部上部炸薬には黄色薬、下部炸薬には茶褐薬を用いた。

これの目標侵徹威力は、二〇ミリ鋼板に対して貫通限界距離一二〇〇メートルであった。

第一次上海事変では、戦闘は各国の共同租界と接し、市街は要塞化しており、中にたてこもる中国軍には建造物ごと破壊しなければならなかった。そのため、八九式中戦車の徹甲弾は非常に威力を発揮したと伝えられる。

九五／九七式軽戦車の武装

九五式軽戦車は日本陸軍の機械化旅団の中核を担う戦車をという要望を受けて開発された軽戦車である。これの誕生するきっかけは関東軍が満州で混成第一旅団という機械化実験部隊を編成する計画を立てた時に始まる。中核となるのは戦車第四大隊の戦車で、それに乗車歩兵、砲兵、工兵、輜重兵と全員乗車を主体とした旅団であった。

部隊が完成したのは昭和九年のことである。しかし混成旅団の中心を戦車にすると、現装備の八九式中戦車では、せいぜい時速二五キロくらいのスピードしか出せない。当時我が国の軍用自動車の速度では歩兵が乗る六輪自動貨車で時速六〇キロ、砲兵の牽引車ですら時速四五キロで走行した。

このように中核となる八九式中戦車が時速二五キロほどでは機械化旅団として動くことが

できない。これの要望として陸軍歩兵学校があげたのは「歩兵戦闘用軽戦車」の案であった。この案は取り上げられ、ただちに設計が行なわれた。

こうして昭和十年（一九三五年）十一月には三両の軽戦車が完成した。戦車第二連隊へ渡され、過酷なテストが実施された。その結果ほぼ良好な軽戦車として評価を受け、その年の皇紀年号を取って「九五式軽戦車」の名で採用となったのである。

九五式軽戦車は量産体制が整うのにつれ、戦車部隊および騎兵の捜索連隊に配備されて北満部隊から中国戦線に投入、マレー作戦や南方戦場でも活躍した。

●九四式三十七ミリ戦車砲

九四式三十七ミリ戦車砲は九五式軽戦車や九七式軽装甲車に装備された戦車砲である。はじめ試製重戦車の装備火砲として計画され、昭和八年から着手した。この年、試作砲が完成し翌九年三月に機能抗堪、弾道試験が行なわれ、ちょうど同年五月に完成した試作九五式軽戦車に装備して、これの運用と射撃試験が実施された。

さらに戦車第二連隊に引き渡されて、現地における実用試験も行なわれ、そして続く酷寒耐久試験を行なうため北満の部隊に引き渡され、これらの厳しい各試験を経た結果、実用にも適することが検討され、昭和十年八月九日に制式化された。

九五式軽戦車に搭載装備された、九四式三十七ミリ戦車砲の構造は、砲塔内に収まる砲身

九四式三十七ミリ戦車砲搭載の九五式軽戦車

基部には、ちょうど羅針盤を水平に保つための称平環と同じ動きをし、水平あるいは上下に少し動かせる砲耳がついており、これが砲の照準時の微修正支点になっている。

この戦車砲の操作は、まず砲塔を回転ハンドルで手回ししながら目標に向け、さらに高低射界・左右射界を合わせつつ照準眼鏡で目標の照準を行ない、次に左側についている引金を引いて発射させる。

この九四式三十七ミリ戦車砲は、九五式軽戦車のほか九五式重戦車にも搭載された。

●九四式三十七ミリ戦車砲弾薬

この戦車砲弾薬には五種のものがあり、一つは九四式徹甲弾弾薬筒、二つ目は九四式榴弾弾薬筒であり、これは初期に使用されていたが、戦争の推移にともなって、さらに九四式徹甲弾代用弾薬

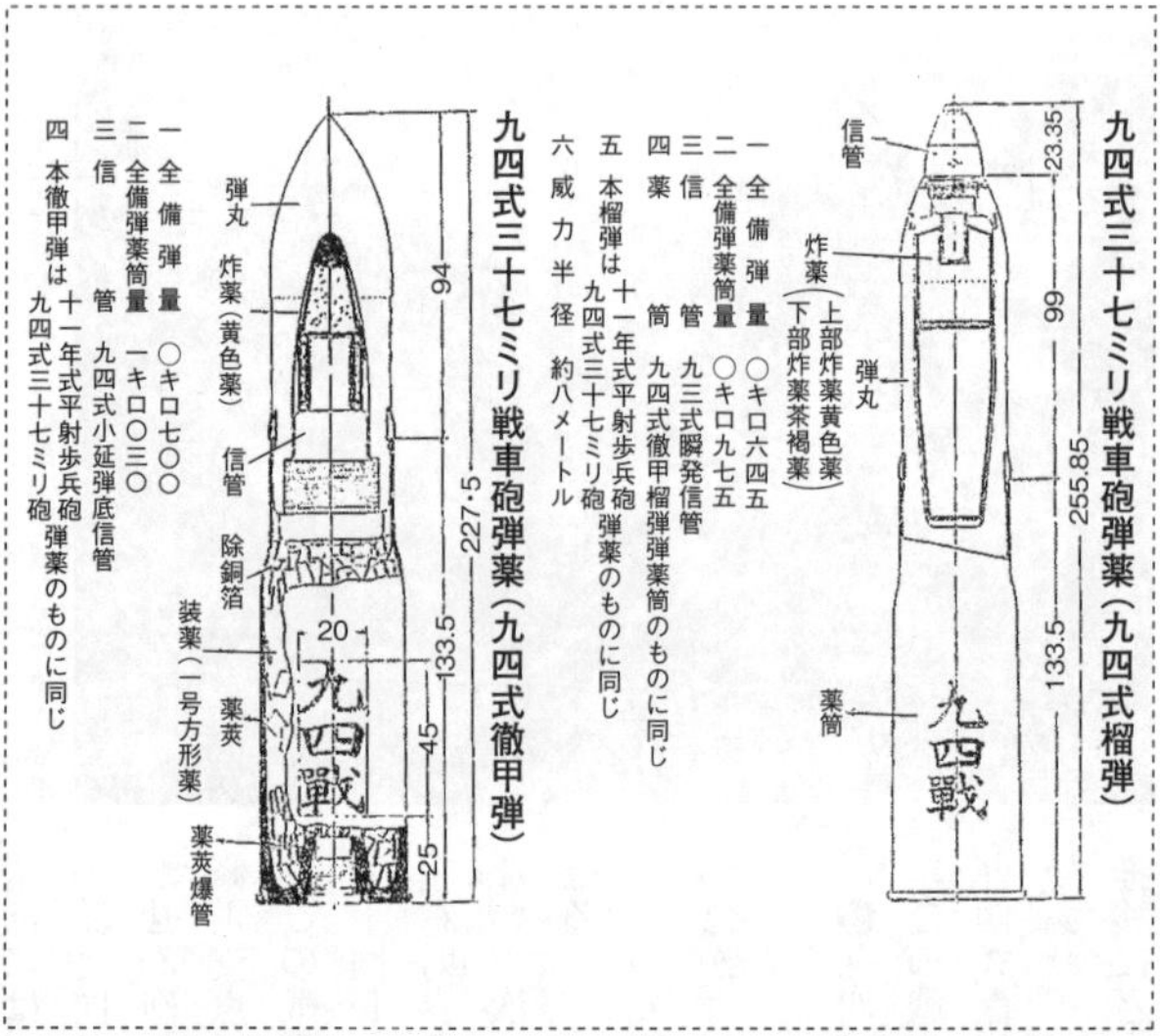

一 全備弾量 〇キロ六四五
二 全備弾薬筒量 〇キロ九七五
三 信 管 九三式瞬発信管
四 薬 筒 九四式徹甲榴弾弾薬筒のものに同じ
五 本榴弾は十一年式平射歩兵砲 九四式三十七ミリ砲 弾薬のものに同じ
六 威力半径 約八メートル
九四式三十七ミリ戦車砲弾薬（九四式徹甲弾）

一 全備弾量 〇キロ七〇〇
二 全備弾薬筒量 一キロ〇三〇
三 信 管 九四式小延弾底信管
四 本徹甲弾は十一年式平射歩兵砲 九四式三十七ミリ砲 弾薬のものに同じ

筒、九四式榴弾代用弾薬筒、一式徹甲弾弾薬筒が追加された。

全備弾量七〇〇グラム、全備弾薬筒量一・三〇キログラム、信管には九四式小延弾底信管である。

なお本徹甲弾の弾丸部分は、十一年式平射歩兵用および九四式三十七ミリ砲の弾頭と同じものである。これの薬莢部には「九四戦」の表示がある。徹甲弾は主に固い建造物、トーチカや城壁部分、戦車などに対して貫通破壊効果があるものとして使用され、とくに弾丸頭部を肉厚に作られている。弾丸内部の炸薬は威力のある黄色薬を使用した。

九四式榴弾弾薬筒、全備弾量六四五グラム、全備弾薬筒量九七五グラム、弾頭の信管は九三式小瞬発信管を使用、薬筒（薬莢）には九四式徹甲弾と同じものを採用、九四戦と表示されている。これの目標着弾威力半径は約八メートルである。

なお一式徹甲弾や九四式徹甲弾は、弾丸形状は九四式徹甲弾とそう変化ないものの、中国戦線の体験から弾丸と薬莢が抜けやすいことが判明しており、製造時この部分にワニスを塗布して防止したこと、弾丸内炸薬を改良したことが挙げられている。これは後に代用弾も同様に修正された。

九七式中戦車の砲と弾薬

九七式中戦車（チハ）は第二次大戦中を通して日本陸軍の主力戦車として活躍し、とくにシンガポール攻略作戦時のマレー作戦では大きな効果を挙げ、シンガポール攻略にその名を示したものである。チハ車開発の新しい考えは、まず重量を増やさず速度を高め、装甲を厚くして武装を強化し戦闘能力を向上させようというもので、当時としては技術的にも非常な飛躍であった。

これにのせる戦車砲も将来予想される対戦車戦に備えて優秀な戦車砲を搭載したいという意見も出たが、参謀本部の戦車用法は従来の歩兵直協の方針と変わりなく、武装も八九式中戦車と同じ九〇式五センチ七戦車砲を基本とした九七式五センチ七戦車砲を装備した。

この戦車砲は九〇式五センチ七戦車砲と設計要件は同じものだったが、その機能と抗堪性

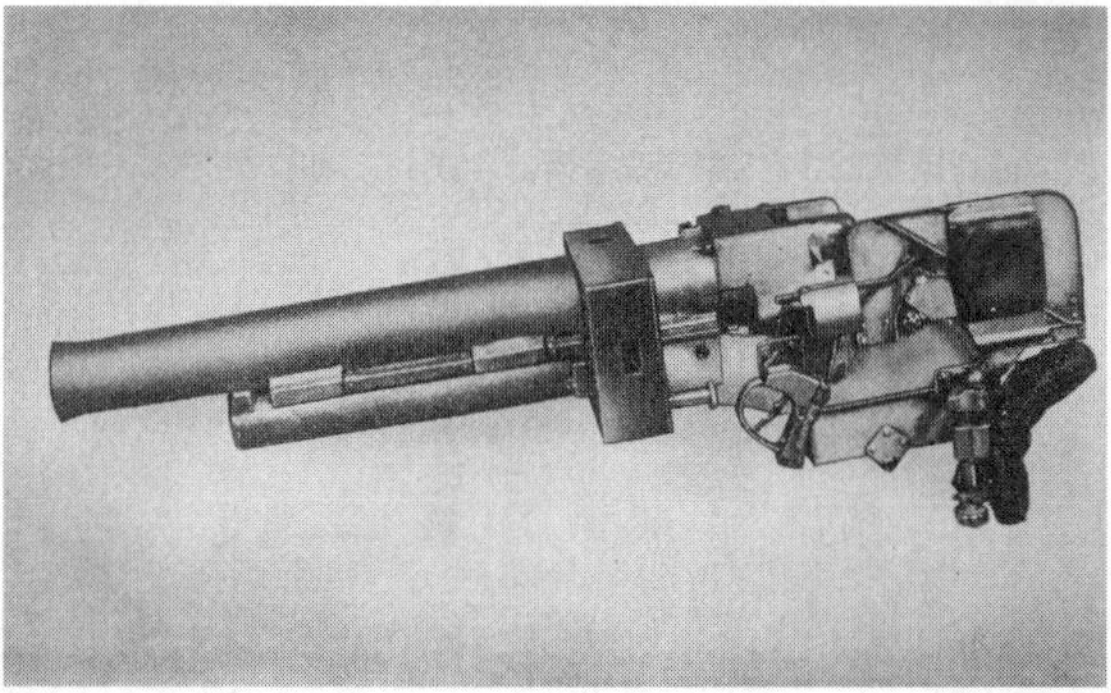
九七式五センチ七戦車砲

の向上を目ざして昭和十一年に再設計されたものであり、形状としては似ているが砲の揺架や駐退復座機は改良されたものである。
これは昭和十二年中期、完成した九七式中戦車に搭載して富士裾野で射撃試験を実施、続いて、陸軍戦車学校で実用試験を行なった結果、その実用価値が認められて九七式中戦車の戦車砲として採用することが決定したものである。口径は五七ミリ、全長一・〇五三メートル、重量七四・九キログラム（閉鎖機共）。

●九七式五センチ七戦車砲弾薬
この弾薬は基本的に八九式中戦車に用いる弾薬と同様なものだが、次の三種がある。

九〇式榴弾弾薬筒、九二式徹甲弾弾薬筒、九〇式代用弾弾薬筒および空砲である。後には射撃訓練に必要な模型演習弾も製作され、戦車学校などで射撃訓練に使用された。

九〇式榴弾弾薬筒、全備重量約二・三六キログラム、全備弾薬筒量約二・九一キログラム、内部炸薬は茶褐薬のかわりに硝斗薬を使用したものである。ただし茶褐薬は直塡熔融とし、硝斗薬は直塡圧搾とした。部品も改良されているが弾薬全体の形状は九〇式戦車榴弾とそう変化はない。

九二式徹甲弾弾薬筒、全備重量二・五八〇キログラム、全備弾薬筒量三・一三〇キログラム、信管は九二式小延弾底信管、で侵徹威力は二〇ミリ鋼板に対して貫通限界距離は一二〇〇メートルであった。

九〇式代用弾弾薬筒、全備弾量二・三六〇キログラム、全備弾薬筒量二・九一〇キログラムである。弾の内部炸薬は不明だが炸薬袋に入れた強力な炸薬が使用されていた。全体的な弾薬形状は九〇式榴弾と変わらず、これを改良したものと推測される。

機動九〇式野砲

●万能と謳われた新型野砲の卓越した実力を探る

画期的アイデアの火砲

一九一四年（大正三年）に勃発した第一次大戦は、世界各国を巻きこんだ大きな戦争となった。この戦争は一九一八年まで続き、ようやくドイツの休戦となって幕をとじたのである。この戦争では、従来の兵器性能がためされる結果となった。第一次大戦の教訓により、各国は競って火砲の改善進歩に努力した。とくにフランスは大戦時ドイツに押されぎみでもあったため、火砲の研究開発には目ざましいものがあった。

日本陸軍は、ヨーロッパ各国へ兵器関連者を派遣してこれを調査した結果、野戦砲兵が装備している我が国の三八式改造野砲では一般的な野砲として性能は不充分であり、満足な砲ではないという結論に達したのである。そして海外を視察した兵器関係者たちは、こぞってフランスのシュナイダー社の新技術を取り入れて、新規に火砲整備を行なうよう進言した。

シュナイダー社は、東部フランスの都市デイジョン市南東約八〇キロの山間にあるクリュゾー町にあり、当時ドイツのクルップ社と競合して世界の軍需工業界にその名を知られ、ヨーロッパ一の兵器会社として名があり、火砲の生産は十八世紀末からはじめられ、その技術力には定評があった。

当時、シュナイダー社は新しい火砲を開発しており、他国の兵器と比べてとくに優秀であった。海外視察した日本の兵器技術者たちがこの新式火砲を推選し、これによる火砲の充実をはかろうと考えたのも当然のことであったろう。シュナイダー社の火砲の特長は、砲身と砲架に次のような画期的なアイデアを取り入れたことにあった。

一、オートフレッタージュ

シュナイダー火砲の砲身は「オートフレッタージュ」を行なって単肉砲身とした。従来の火砲は発射される火薬ガスに対して、二層または数層として焼き嵌めを行ない、内圧に対する抗堪力を向上させたが、この方法ではあらかじめ弾性界を越える水圧を加え、砲肉の一部に永久変形を起こさせ、全体の抗堪力を高めるものである。

これによって、砲身内面は外部の無限層からも圧縮されることになり、理想的な最大堪力をもつ単肉砲身となり、砲身の製造はより容易になった。

二、砲口制退機

砲の弾丸が発射され砲口を離れて、砲身の中の火薬ガスは大気中に拡散しても、その時まだかなりの圧力を持っている。その圧力を利用して砲身を前方に押すような作用をさせると、砲身および砲架に対する反動力を減小させることができる。そのため砲口部分に管または傘状の受圧部を有する付属物をつけたものが砲口制退機である。

三、駐退復座機の改良

それまでの野砲は砲身に復座バネを利用したが、シュナイダー社の火砲は空気を利用して、しかも駐退復座機構を砲身に固定、砲身と共に後座させ、後座部分の重量の増大をはかった。そのため発射時には、砲架が受ける反動力がその分だけ吸収を容易にした。

四、開脚式砲架

それまで火砲の砲架は、右左二個の車輪と一本の脚による三点支持であったため、射角や方向移動が極度に制限されていた。これを解決するには改造三八式野砲のように支持脚に孔をあける方法をとるしかなかった。

ところがシュナイダー社の火砲は二本の支持脚をもちい、運搬時には両脚を閉じて一本とし、射撃時にはこれを両側に大きく開いて行なう。したがって射撃姿勢では砲身後方は充分な余裕があり、射角および方向面を大きく取ることが可能なため、火砲の操作や射撃が容易になった。また火砲の動きをくい止める駐鋤も、それまでの固定式から打ちこみ式となっていた。

フランスのシュナイダー野戦砲はこのような新しい構造を持っていたので、日本ではこの優秀な技術を取り入れた野戦砲を作ることに決定し、昭和五年に緒方中将は同社の一〇センチ榴弾砲を輸入することとし、さらに同契約に加えて日本に適する条件を示し、七・五センチ野砲の設計を依頼した。

この注文に対してシュナイダー社は難色を示した。その難色というのは、日本は見本的に外国から兵器を買って後は自国で造るという悪い習慣がある。今回野砲や一〇センチ榴弾砲を注文するなら、少なくとも各一〇〇門ぐらいを買ってもらいたいというのが一つ、今ひとつは十榴の薬莢式を止めてアミアント緊塞具にしてほしいとの希望であった（フランスは野砲以外はみな薬嚢式を採用していた）。このシュナイダー社の難色に対し、数回交渉にあたり、やっと受諾を得たという。

ただし九一式一〇榴は設計製造を、九〇式野砲は設計のみを注文して製造は国内で行なうこととした。

射撃を安定させた重量

こうして、昭和六年（一九三一年）に九〇式野砲が制式化され整備されることになった。ところが参謀本部の作戦担当者の間に、九〇式野砲は主力野砲として重量が過大であるという意見が出た。

それによれば「野砲の特性は重量が軽くて運動の軽快な点にある。射程の短い点は移動性の容易なことで補い得るから、重量を軽くし放列移動を容易にすることに重点をおいて、射程は改造三八式野砲程度とし、砲架の構造に新様式を取り入れた新野砲を設計、研究し、整備すべし」ということにあった。

このような参謀本部の要求に対し、技術本部もその要求を入れた火砲の設計を行ない、試作したのが九五式野砲である。

九五式野砲は砲口制退機がついてないが、その他の点では火砲の型式はほぼ九〇式野砲と同様で、射程が短いだけ火砲の重量は軽くできている。こうして両者のいい分を取り、九〇式野砲と九五式野砲は、両者ともある比率をもって野砲兵部隊に整備することで落ちついた。

ところが、昭和六年満州事変が勃発し、これに関東軍管轄下の第二師団砲兵部隊に九〇式野砲を配備して、広大な満州の広野で性能実験を兼ねた射撃を行なったところ、重量の大きい不利な点は、かえって射撃の安定性にプラスとなり、実戦部隊では九〇式野砲の整備を多く希望する声が多かったという。

この九〇式野砲を採用する以前、ヨーロッパ諸国では各種の野戦砲に開脚式砲架を研究・製作する傾向が伝わってきた。日本陸軍でもこれを研究する必要があるとして、技術本部で研究を進めた。まだシュナイダー火砲が話題になっていた頃のことである。この研究砲は設計が進み、昭和五年に試作砲が完成した。

試作砲は七センチ野砲と一〇センチ軽榴弾砲である。それは「近代式野戦軽砲」として次のように紹介されている。

「最近の野戦軽砲は砲身および閉鎖機・砲架・油圧駐退機・砲口制退機・照準機などにいちじるしい発達を示し、その新設計と特殊工作により射撃威力は大戦当時のものに比し倍大している」

七センチ野砲＝平射用であるから、砲身が長大である。榴霰弾や榴弾をもちい、密集部隊や戦車隊または鉄条網などを撃滅する。最大射程一万五〇〇〇メートル、方向射界四五度。

一〇センチ榴弾砲＝曲射用であり、砲身は比較的短い。掩護物の背後のものを撃ち、また野戦築城の破壊にもちいるので近代陣地戦ではその威力に信頼することが多い。これは野砲とほぼ同一の運動性を有している。射程一万一〇〇〇メートル、方向射界四五度。なおこの開脚式試作火砲には、共に砲口制退機はついてない。

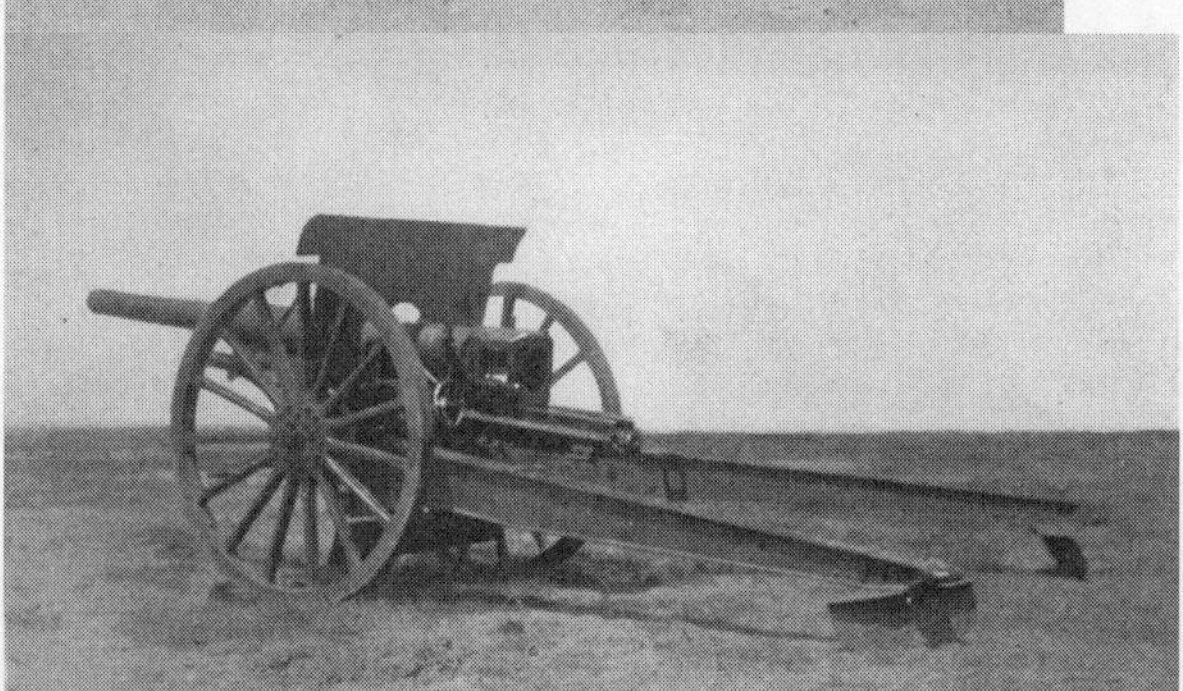

上から九〇式野砲と弾薬車、同砲後面、技術本部の試作野戦砲

この試作火砲は、近代的なスタイルを持った火砲であったが、陸軍にシュナイダー式火砲が採用されるにともない、整備されることもなく試作のみに終わった。当時、日本は榴弾砲の研究として、フランスの軽榴弾砲を購入していたが、これも参考にされることもなく終わってしまった。

九〇式野砲データ
口径　七五ミリ
砲身長　二八八三ミリ
砲身重量　三八七キログラム
後座長　一〇〇〇ミリ
放列砲車重量　一四〇〇キログラム
高低射界　正四三度、負八度
方向射界　左右各二五度
弾量　六・三七キログラム
初速　六八〇メートル／秒
最大射程　一万四〇〇〇メートル

九五式野砲データ
口径　七五ミリ
砲身長　二三二五ミリ
砲身重量　二六二キログラム
後座長　一二〇〇ミリ
放列砲車重量　一一〇八キログラム
高低射界　正四三度、負八度
方向射界　左右各二五度
弾量　六・三四キログラム
初速　五二〇メートル／秒
最大射程　一万七〇〇メートル

新型牽引車とのコンビ

ヨーロッパ各国では、大正末期（一九二五年）頃から急速に軍隊の機械化が進められ、我が国でもその時流に乗りおくれまいとして、戦車や自動車の研究に力をそそぐことになったのは当然であったろう。

一方、砲兵部隊でも諸国にならって火砲を車両で牽引しようということになり、機械化野砲の要求が出てきた。この機械化野砲用として九〇式野砲が選ばれたのは当然のことであった。

当時最新式の火砲でもあり、重量が重い点も車両牽引にすれば運動性も良くなり、操作も向上するとして、九〇式野砲を機動式に改修することを決定、あわせてこれを牽引できる装軌式の九四式四トン牽引車も陸軍技術本部で検討開発することになった。

その装軌式車両ができる間、九〇式野砲機動台車として火砲の車軸の下に四個の小車輪をもつのと、二個の車輪をもつ二種の運搬用台車が製作されて演習などに使用されたが、通常の道路では良いが火砲の不整地展開などにはかえって操作がわずらわしく、あまり使用されないまま自動貨車による牽引方法へと移行していった。この機動台車が戦場で使用された例は、シンガポール進攻作戦に一部が使用されたのみである。

昭和八年、九〇式野砲は改修され機械化牽引に適する機動九〇式野砲に改造された。すなわち野砲の車軸の両端を切断し、その下方に緩衝バネを介して新たに車軸を設け、これにパンクレスのゴムタイヤを取りつけて走行をよくした。

射撃時には、火砲の緩衝作用を固定し、射撃時砲の安定をよくするよう緩衝防止装置を操作でき、より射撃性能の向上を目ざしたのである。

機動九〇式野砲の牽引用として開発された九四式四トン牽引車は、昭和九年初の機械化兵団として独立混成旅団を満州に創設するにあたって、その編成に組みこんだ機動野砲の牽引

185　機動九〇式野砲

(上)機動九〇式野砲
(中)南方で訓練中の同砲
(下)ノモンハン戦で砲撃中の同砲

用として研究開発が進められた高速装軌式牽引車であった。

この機械化兵団の野砲には九〇式野砲を改修した機動九〇式野砲が適するとして選ばれ、牽引車の製作は東京瓦斯電気工業株式会社が担当した。この車両は九〇馬力の空冷V型八気筒ガソリンエンジンを搭載し、板バネ式の懸架装置をもつ近代的なスタイルの牽引車で九四式四トン牽引車と名づけられ、最高時速四〇キロを発揮することができた。

機動九〇式野砲を引いたテストでは、性能的にも高い効率を示し、昭和十三年頃から日華事変に参加した独立混成第一旅団に配備され、中国各地を転戦した。とくに機動九〇式野砲が威力を示した戦闘は、酒井兵団に配属された野戦砲兵部隊が中国の大黒河攻撃や綏遠陣地攻撃に効果を挙げ、他部隊の突撃路を開いた戦闘がある。

しかし、九四式四トン牽引車の実戦部隊で使用した結果では、中国特有の黄塵と酷使のために各所に故障が発生して、やや信頼性に欠けることになった。また牽引する機動九〇式野砲も、火砲そのものに故障が起きやすく、悪路の中国大陸では不向きの面がみられた。

機動九〇式野砲用として、共に中国大陸で活躍した九四式四トン牽引車がやや不評だったため、それをもとにエンジン、パワートレイン、懸架装置などを根本的に設計し直した九八式四トン牽引車が昭和十三年に完成し、野戦砲兵用として配備された。

この車両は前の冷却機能を改良し、懸架装置は車内にコイルスプリングを収容した様式に変えたもので、機動九〇式野砲とマッチして行動ができた。

機動九〇式野砲が本来の活躍をみせたのが独立砲兵第一連隊に配備されて第二次ノモンハン事件に参加した時で、陣地侵入して小林歩兵団のハルハ河渡河作戦の援護に任じ、次に日の丸高地に転戦してソ連の戦車撃滅戦を行ない、ノロ高地では長野部隊の攻撃に協力するなど、つねに迅速な機動力を発揮し、機械化野砲の本領を発揮した。

機動九〇式野砲は太平洋戦争ではバターン攻撃やシンガポール作戦にも参加し、充分その威力を示したのである。

九二式歩兵砲

●軽量至便、対歩兵戦用兵器の理想的な火砲

同じ弾丸を使用する万能砲

日中戦争や、太平洋戦争の南方戦線で「大隊砲」と呼ばれて活躍した歩兵兵器に九二式歩兵砲がある。その主要要目には次のようにしるされている。

——目標小にして不意に出現する敵機関銃を、砲兵の射撃のみをもっては適時にこれを撲滅することは困難なり、故に歩兵と行動を共にし、密接なる協力をなし得る火砲をもって残存する機関銃の撲滅を企図するを要す。このため運動軽捷にして操作容易なる歩兵砲をもって平、曲射両用火砲に使用する。

九二式歩兵砲は単一弾丸をもって平射および曲射を兼ね行なう砲身後座式火砲にして、砲身、揺架、砲架、脚、車輪、防楯の各主要部分よりなる。運動は駄載、繋駕あるいは臂力による——。

歩兵砲は第一次大戦前はまったくなかったといってもよいものだったが、大戦中に機関銃の急速な発達にともなって、これを破壊撲滅するものとして歩兵がもつ軽火砲の一つに平射砲が考案され、続いて曲射砲も装備された。陸軍では十一年式平射砲および曲射砲にあたる。

平射砲は軽い弾丸を大きな速度で射ち出すが、曲射砲の場合は相当重い弾丸を比較的小さな速度で射ち出すという、異なる特色を持っている。この平射弾道と曲射弾道とを共通する一つの軽火砲で射つことにしたのが九二式歩兵砲である。

第一次大戦後、各国でも同じ弾丸を使用して平曲射両方の射撃ができないものかと考え、イギリスやフランスで研究されたが、その性能は曲射としての方が優れているようであった。

これにはイギリスのビッカース四七ミリ歩兵砲や四四〜六〇ミリ歩兵砲があり、アメリカでは一九二五式の三七ミリ歩兵砲、や一九二四式歩兵臼砲、フランスではサンシャモン社製の一九二四型四五ミリ歩兵砲、同じく一九二二型の七五ミリ歩兵砲や一九二三型七五ミリ歩兵曲射砲、スウェーデンのボフォース製三七ミリ歩兵砲などが作られた。

第二には、口径の異なった二つの砲身を持ち砲架を共通にしたもので、一つは平射砲の小口径砲身、他は曲射用の比較的大きな砲身を持つもので、チェコスロヴァキアやオランダ、イギリスなどで製造された。

これらの歩兵砲は、戦車射撃にも相当な威力を持ち、曲射の性能も大きいが、二種の異なった口径の弾丸を持たなければならないので、結局砲架の一つを時と場合によって制限をするという方法をとらざるを得なかった。

この形式には二種類のものがあり、一つは砲身を二個同時に一つの砲架に載せているもので、ただちに使用でき、他の一つは一個の砲身を砲架にのせておき、他の砲身は別に携行して必要に応じて交換使用するものであった。

なお、このほかに二つの型式を一緒にしたような歩兵砲があり、これは一つの砲身（曲射用）の中に他の砲身（平射用）を挿入して持っており、平射の時はそのまま使用し、曲射の時は小口径砲身を脱して使用できるようになっていた。これはチェコで製造した歩兵砲で、射撃時には両側の車輪を倒して床板の代わりにするという面白い構造を持っていた。

戦場での欠点を改修

歩兵の持つ火砲として、大正十一年に開発された十一年式平射砲と曲射砲が装備されていたが、各国でも平射・曲射を兼用しようとする歩兵砲の気運が高まりつつあったので、我が国でもこれと同様な軽火砲を研究しようと考えたのも当然だった。

まして、平射と曲射という二種の火砲を装備する歩兵にとって、一種類の火砲として兼用可能なことは整備上からいって、これほどありがたいことはない。ただちにこの研究に取りかかることになった。

昭和三年（一九二八年）に、陸軍技術本部は平射曲射の兼用砲に取り組み、まず各国の研究を検討したが、当時各国でも完全に両方を兼用できる軽火砲ができたものでなく、火砲によってはどちらかに片寄りがちだったのが現状である。

そのため各国の模倣をやめて日本独自のものを作ることになり、昭和五年に試製第一号砲ができあがった。これは同年三月から六月にかけて各種の実用テストを行なった結果、砲の威力としてはまあまあだったが、問題はその運動方式にあった。

陸軍技術本部の原案では、歩兵は従来戦場での行動では軍馬を使用しないため人力輓曳を主とし、戦場外の通常行動は砲を三頭の駄馬に分解駄載して運ぶこととしたが、それではあまりにも負担が大きいとして、弾薬などの前車をつけた一馬引の繋駕に改めるよう用兵側から要求が出されたのである。

技術本部はこの要望を入れ、これらを考慮に入れて改修を行ない、昭和六年五月に竣工した。この二号砲は陸軍歩兵学校に送られて各種の試験を行ない、昭和六年十月、「試製歩兵砲の概要」として教育用にまとめられている。それは次のようなものであった。

『試製歩兵砲は砲身後座式火砲にして、砲身、揺架、砲架（小架、脚頭架車軸）車輪（軸臂共）脚（駐鋤共）、防楯より成り所要の属品を附す。

砲身は下面をもって揺架に連結し、揺架は駐退機を収容し砲耳により小架に連結す、小架は脚頭架に連結す。脚は二個そなえ、その前端をもって脚頭架に連結し、開脚式にして脚頭架に連結せる部分を軸として開閉を行なう。

初期の九二式歩兵砲

また車軸に軸臂を連結し、これに車輪を連結する。車軸を軸として軸臂の回転により平射・曲射の両姿勢を与えることを得る、閉鎖機は、螺式閉鎖機なり。

照準具はパノラマ式にして、照準は通常平射姿勢では直接照準、曲射姿勢では間接照準を行なうものとする。砲の運搬は駄載、一馬輓曳あるいは人力輓曳によるかは今だ決定せず。分解搬送は次の区分に従い、分解携行する事とするもなお研究の余地が大である。

分隊長＝防楯、一番＝脚・砲架、二番＝提棍・車輪二、三番＝揺架、四番＝砲身、五番＝携帯箱・副防楯・索、六、七、八番＝弾薬箱』

歩兵砲分隊で、一人の負担量で最も大きいのは約六〇キログラム、最も軽量なのは約一二キログラムである。

こうして二号砲は、砲兵学校の各種実用試験を

九二式歩兵砲の射撃訓練。ガスマスク着用

行なった結果、歩兵大隊に装備する軽火砲としては適当と認められ、制式を上申した昭和七年の皇紀年号をとって「九二式歩兵砲」として制式に採用された。

最初、軽歩兵砲として開発された火砲は防楯を野砲のような形状を持っていたが、平射ならそれでも良いが、車軸のクランクを上下して砲身を高姿勢にすると、この防楯形式では無理があるため、防楯中央に副防楯をつけて砲の高姿勢と共に上にすり上がるようにした。

また防楯中央に空間をあけ、低姿勢で射撃するときは、ここから目標も視察できるようにしたものである。曲射姿勢で砲を射った場合、砲身が短いために発射装薬の吹き戻しで砲手の顔を痛めることがあったため、防楯形状も野砲形式から小型なものに改良、高射姿勢時は砲と共に副防楯を上げて砲手を防御する方式を採用して、この問題を

(上)熱河作戦で配備された車輪が初期型の九二式歩兵砲
(下)車輪に穴が明けられた同砲

解決した。

九二式歩兵砲の車輪は、最初整備されたときは一枚鋼板で作られていたため、陸軍大演習に参加した際は、その運動音がうるさすぎるという声も出ていた。

昭和八年二月、熱河作戦が開始された。この戦いに第八師団の川原挺進隊が速成の自動車化部隊となって戦車、装甲車部隊と共に、山岳地域の熱河省へ向かって進んだ。

この熱河作戦は万里の長城近くで苦戦にあい、これを応援するため関東軍は兵を出した。陸軍では九二式歩兵砲を採用したが、まだ実戦での成果がないことから、関東軍にこの九二式歩兵砲を配属させ、実戦でのテストを行なったのである。

山岳戦での歩兵砲の性能は良く、高射、平射共に良い成果を挙げたが、今一つ欠点が現われた。それは行動中の車輪の音が高いことである。熱河作戦はその後まもなく終了し、九二式歩兵砲の車輪部分を改修することになり、鋼板の車軸部分を補強し、周囲に八個の穴を明けて軽量化につとめ、車輪の外周部分を木製にして、音の防止を行なった。

この方法は良い結果を生み、車輪の音は極度に低くなり、また車輪自体も補強され、昭和九年五月にこの改修は終了して、新たな九二式歩兵砲が生産されることになり、この砲が部隊配備されることになる。

幻となった歩兵随伴砲

さきの九二式歩兵砲の研究が発足した同時期の昭和五年に、同様な重歩兵砲というのが陸軍技術本部で取り上げられた。九二式歩兵砲の開発時の名称が〝軽歩兵砲〟と呼ばれたのに対し、こちらは〝重歩兵砲〟と名づけられた。これの研究要望は、「歩兵の直接支援と対戦車砲としても使用可能な火砲」というもので、当時ヨーロッパ各国で急速に高まっていた歩兵の持つ火砲に対戦車能力をもたせようというものである。

陸軍では先の軽歩兵砲の開発が進行しつつあったが、世界の風潮が対戦車砲へと傾いたこともあって、歩兵砲に対戦車性能を加味した火砲を開発しようと考えたのも無理からぬことだったろう。

こうした要望に基づいて重歩兵砲の研究が進められ、昭和七年四月に試作砲が完成した。さっそく技術本部の伊良湖射場（愛知県渥美半島）で弾道テストを行なった結果、良好な成績を示した。

完成した重歩兵砲の形状は九二式歩兵砲と同様な形で、平射および曲射兼用砲だが、対戦車砲としても使用できるものとした。そのため防楯は一枚板の厚い防楯を採用、九二式のような副防楯はもうけてない。脚は開脚式で車輪は初期の九二式と同様なものを取りつけていた。

歩兵学校での対戦車砲テストでは、弾道の低伸にやや不安定さが見られ、また戦車の装甲を打ち抜くには別に徹甲弾を必要とし、歩兵砲の持つ榴弾では兼用できないことが判明した。

普通徹甲弾が防楯を撃ち抜き得るのは、弾丸自身の直径半分までが可能とされているからである。

ヨーロッパ諸国が対戦車砲にこだわるのは第一次大戦を体験した国であり、対戦車能力を持つ歩兵砲を望むのはわかる気がする。しかし当時日本では、八九式中戦車が主力戦車として装備されたばかりであり、歩兵砲に対戦車能力を持たせるにはまだ時期が早いとの声もあり、結局この重歩兵砲の研究は見送られ、先の軽歩兵砲（九二式歩兵砲）の開発改良に重点がおかれるようになった。

昭和五年頃、陸軍の内山英太郎砲兵中佐から歩兵側に対し、一つの意見が提案された。それは第一次大戦の体験によれば、歩兵が攻撃中に敵の配置する自動火器に遭遇すると、自己の持つ自動火器をもってこれを突破することをせず、有力な火砲、とくに砲兵の支援を必要とするのが多かった（青島戦の例）。

これに対し砲兵では第一線に近距離目標であり、小さく移動容易なため、位置の発見が困難で砲兵の射撃と位置標定が至難である。また戦場では歩兵から協同する砲兵に対して連絡手段が中断するなどして、目標位置の通報や射撃要求に多大な時間をついやした。そのため砲兵も射撃時機を失することが多かったとして、歩兵独自の歩兵砲、あるいは歩兵に直接随伴砲という歩兵を直接支援する火砲を装備してはどうかというものであった。

この頃、陸軍技術本部ではちょうど平射曲射兼用の歩兵砲が開発中で一号砲が完成、二号

ドリダス歩兵随伴砲を元に試作された歩兵随伴砲

砲に着手していた時期ではあったが、また試作砲でもあり、同じ陸軍内とはいえ試作砲を公開することはできない状況だったし、この試作火砲はまだ海のものとも山のものともいえない状態であった。

ちょうどその頃、フランスで歩兵随伴砲と呼ぶ火砲を完成し、他の国でも歩兵に装備する随伴砲を研究中であったから、内山砲兵中佐はこのフランス製随伴砲をあげ、これと同等な歩兵火砲を歩兵に装備してはどうかという意見を陸軍上層部に提案した。

その要目は口径六～五～七・五センチ、有効射程二～五キロメートル、放列砲車重量約三〇〇キログラム、運搬法は装輪分解式とし行動間は駄載または半駄載とし、所要に応じて臂力牽引または分解して、臂力搬送を得るものとする。

このような要望を上層部にあげたため、陸軍はしかたなく、フランス製のドリダス四七ミリ歩兵随伴砲を取りよせ、これを参考に陸軍でも口径七センチの歩兵随伴砲を試作したものである。結果として日本製の歩兵随伴砲はフランス製とは同じものではなかったが、形式的にはやや似たところもあったろう。結局九二式歩兵砲が制式に採用されるにともない、この画期的な歩兵随伴砲も製作されたままで歩兵部隊にも配備されなかったようである。

九二式歩兵砲の弾薬には、九二式榴弾と九五式照準弾とがあり、信管は八八式瞬発信管と八八式短延期信管とがあるが、これは用途によって分けて使用することができる。この九二式榴弾の弾薬筒（薬莢部分）には弾と一体となったもの、また薬莢だけ分離して装薬を編合するものがあり、これは九二式歩兵砲弾薬筒（乙）と読んでいた。中国戦線ではこの信管部分をかえて撃っている写真がある。

九二式歩兵砲の採用時、一馬引の前車（弾薬）接続の繋駕分隊編成を要求されたため、この方法が主体となっていたが、熱河作戦に参加した体験から駄載法を望む声があって、九二式歩兵砲の駄馬具が制式化された。これには十五年式駄馬具が定められ、砲を分解して馬にのせる駄鞍が開発され、それは次の四種のものがある。砲身用（砲身・車輪）、砲架用（砲架、携帯箱）、揺架用（揺架、防楯、属品楯、照準箱、標桿、曳綱）、弾薬箱用（弾薬箱）などで、それぞれ砲の部分も異なるため、これら馬にのせる駄鞍も形が異なっている。

この九二式駄馬具は、中国の山岳地帯の戦闘や、南方戦場でも大いに役立ち、特に河水やジャングル戦などでは人力による臂力運搬で太平洋戦場を戦ったのである。

本土防空用高射砲

●ドウリットル空襲で目覚めた日本の防空態勢

不充分な防空態勢

第一次世界大戦後、ヨーロッパ諸国は大半の国々が陸続きであり、また国境を接しているため飛行機の急速な発展にともなって、敵国からの空襲はさけられないという思想が国民にまで徹底されていた。

したがって、その被害を少しでも減少するためには、軍の防空だけでなく国民防空の対策も必要という、軍民一体の防空思想に関心がよせられていた。

しかし、日本は四方が海であり、陸続きの国境がないという自然にめぐまれた地形だったので防空にも大きく影響して、ヨーロッパのような危機感を持つことは少なかった。

昭和十年に防衛司令部が創設されても、東京、大阪、福岡の三ヵ所を守る方針が示されたのみであり、昭和十二年に平時高射砲連隊が七コに増加し、高射砲も要地一〇八門、野戦二五二門と装備されたが、それでも防空に対する関心は低いものであった。

このような我が国の防空思想は、昭和十七年四月のドウリットル空襲によって完全にくつがえされた。初空襲はゲリラ的な奇襲効果を狙ったものにすぎないとはいえ、軍部や民間に与えたショックは大きなものがあった。

そのため、まず本土防空陣を充実させ、航空防空部隊と地上防空陣、防空指揮警戒組織の整備がただちに実行に移され、また防空用高射砲や高射機関銃の開発と兵器の諸問題にもおよんだ。

陸軍の高射砲には十一年式七・五センチと、十四年式十センチ、八八式七・五センチなどが制式高射砲として配備されていたが、これらはいずれも野戦向きの形式で、防空用としては固定式になる八八式高射砲㊕のみで、新しい要地高射砲が要望されていた。

捕獲高射砲を参考

昭和十二年に日華事変が勃発し、南京攻撃のため海軍機が渡洋爆撃を行なったところ、中国軍の装備する高射砲の威力に大きな損傷を受けたり撃墜されたのが判明した。

南京陥落後、中国軍の高射砲があまりにも優秀であったのでこれを調査させたが、意外にも中国がドイツから買い求めて南京飛行場に配置させていたクルップ製の八・八センチ高射砲であることがわかったのである。

しかも、クルップ製八・八センチ高射砲は、我が国では未完成であった測高機と連動する算定具も装備しているという完全なものだった。

南京の伊藤範治高射砲司令官は、ただちに内地の陸軍技術本部にこの砲の優秀性を報告するとともに、我が国の防空陣にこの砲の導入も具申した。

クルップ製の口径八・八センチ高射砲は、要塞砲としても使用され、これは防楯をつけた固定式砲架であったが、調査上製造が容易に設計されており、初速も八〇〇メートル、最大射高一万メートルにも達する、当時要地用の固定式高射砲としてはもっとも手頃な存在であった。

中国戦線で鹵獲されたクルップ製高射砲

当時、日本はドイツと同盟を結んでいたのだが、それ以前に中国はクルップ製高射砲を買い求め、要塞砲だけでなく、野戦用としても使用していたから、爆撃機が損傷したのも無理はなく、ドイツ軍がアフリカ戦線で連合軍の戦車を狙い撃ちしたのもこれを野戦用としたもので、威力には定評があった。

鹵獲したクルップ砲はただちに日本へ送られた。原型は、防楯つきで四脚基塔式の運動性のあるもので、照準は算定具で算定したデータを電気誘導で砲側に平行誘導する方式で、砲手はただ送られてくる白線に赤針を合わせるだけでよいという、まことに簡単明瞭なものであった。

陸軍技術本部は、このクルップ製高射砲を見本に要地高射砲を作ることを決定し、昭和十三年四月製作に着手し、翌十四年五月に三門が完成した。

そして各種の試験後、陸軍防空学校で性能試験を行なった結果、九九式八センチ高射砲として制式に採用となったのである。

この火砲は、口径八センチ八ミリ、初速八〇〇メートル／秒、発射速度毎分一〇発、最大射程一万五七〇〇メートル、最大射高一万メートル、有効射高八〇〇〇メートル。

弾薬は一〇〇式高射尖鋭弾と一〇〇式機械信管（加）が使用され、弾量は九キログラムであった。

この一〇〇式機械信管（加）は着発、曳火の両機能を備えていたので高射砲弾の信管としては一応満足するものであった。

ただ、八八式七・五センチ高射砲と比べて弾量が重く、弾薬砲手は体格の良い兵を選定する必要があったという。

九九式八センチ高射砲

九九式八センチ高射砲

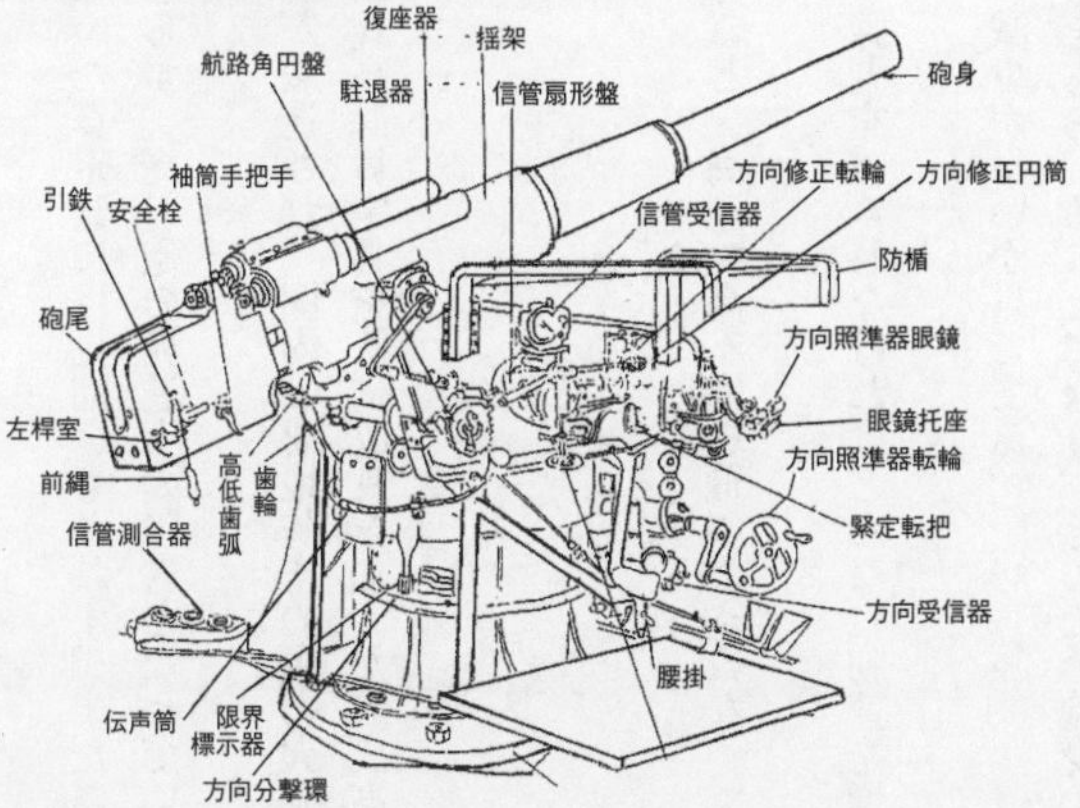

弾丸効力も八八式高射砲に比較して増加し、命中すれば着発して撃墜、二五メートル以内で有効破片が得られるとされた。

戦場でクルップ製高射砲を捕獲したとき、使っていた算定具には見向きもされず、また優秀な平行誘導装置も砲側のものだけではどうにもならず、高射砲の発達上の障害となっていた。

九九式八センチ高射砲は終戦までに五〇〇門以上が製造され、国内の要地防空の主力火砲として活躍した。九九式八センチ高射砲には、九〇式高射算定具を基に改良を加えた二式高射算定具、二式電気照準具が装備された。

要地防空用に適する

●三式十二センチ高射砲

太平洋戦争が激化し、飛行機の性能が向上してくると、高速で高々度を飛ぶようになってきた。

ところが高射砲で高所に弾丸を到達させるには、弾丸を重くしなければどんなに初速を増してもおのずから限界がある。

それは弾丸が軽いほど減加速度が大きく、速度の減少が早いからである。

また一面初速を極度に大きくすると、多量の装薬をもちいることになり、そのため砲身の

（上）小岩に設置されていた三式十二センチ高射砲
（下）後部から見た三式十二センチ高射砲

焼蝕がひどくなって火砲の命数が縮まり、射撃ごとに初速が落ちて命中精度がいちじるしく低下するようになる。

それなら口径を大きくした砲を開発すれば人力による弾薬装塡が困難となって発射速度が落ちるが、弾薬装塡に自動機構を採用するにしても弾薬を一人で砲側まで運ぶにはその重さの限度が約四〇キログラムぐらいとなる。このようなことを考慮すると火砲全体の重量が大きくなり、野戦に使用することは難しいが、要地防空用の固定式火砲ならば充分成り立つという結論に達した。

そして一万メートル以上の高度を飛ぶ航空機を有効に迎撃するには、初速八〇〇メートル以上が必要であり、その理由に求められたのは口径一二センチの高射砲である。

こうした要望をもとに陸軍技術本部は研究に着手したが、これには海軍が採用していた十二・七センチ高角砲が大いに参考になった。

とくに照準操作も従来は人力でハンドルを回すことで行なってきたが、このような大きな砲になると可動部分も重量がかなり多くなり、高速で飛行する航空機を追って照準することは困難なことであった。

そのため、海軍の砲塔に採用されていたウイリアムジョンネ式水圧伝道機を取り入れて、迅速かつ容易に微動精密照準が可能なように設計された。

しかも火砲自体の重量が大きくなったので、野戦に使用することは困難となり、固定式として要地防空用に使用することになり、昭和十八年三月、試作一号砲が完成した。

テスト射撃を行なった結果、操砲機能および弾道性も良好なため、三式十二センチ高射砲として制式化された。

この十二センチ高射砲は、日本独自の大型陣地高射砲として次の装置が導入されている。

一、発射速度の低下を防ぐため自動装填装置をとりつけ、砲手一名を弾丸二三キログラムを装弾臂の上にのせ砲身軸の方に倒すだけで信管測合が行なわれ、同時にバネ式で装塡されるという画期的なもの。

二、迅速に火砲を旋回させるため歯車式を止め、ジョンネ方式の油圧伝導機構が採用され、これで迅速な旋回と微動精密な照準を可能にしたこと。

三、独特な防楯をとりつけ砲手および操作員の防護を重視したこと。

この三式十二センチ高射砲には、一型と二型が作られ、一型は完全な固定式で陣地に設置するには、分解して運び組み立てなければならないのに対し、二型は砲と砲架共組み立てたまま、重砲運搬車にのせて搬送し、大型器材を使わなくとも陣地に設置することが可能であった。

制式化して量産に移された三式高射砲は、東京はじめ大阪、神戸、九州の八幡など、主要工業地帯をはじめ、都市周辺の防空部隊陣地に配備され、飛来する米軍機に対し火門を開いたのである。

この弾薬筒の重量は約四〇キログラム、弾丸重量は約二三キロ、初速八五三メートル／秒、最大射高は一万四〇〇〇メートルとなり、信管には機械信管を使用され、高射照準具として二式電気算定具が採用された。

野砲のような索引方式

高射砲の射撃は、目標敵機の前方どの程度のところへ射てばよいかを計算して正しいデータを出さなければならない。しかし砲弾が敵機に到着して破裂するまでには気温、気圧、火薬の燃焼時間、風向風速やその火砲のくせなどの影響を受け、予想どおり弾道上を飛ぶわけではない。

飛行機の位置を現在位置といい、弾丸の破裂する位置を未来位置と呼び、この未来位置を求めてデータを観測班が測定するのである。これらを高射砲三元と呼んで高度航速航路角といい、目標の未来位置が決定される。

この観測班で測定した三元を火砲に与えると、火砲の方向および高低の眼鏡で飛行機を追随照準してゆく操作により、砲身が未来位置を指してゆく構造になっていた。

次に測合されるのが砲弾についている信管である。信管測合機で未来位置までの秒数（これは刻々と変化する）を調合し、それに合う弾丸を装塡して射撃が行なわれるようになる。

とくに敵機が陣地上空付近を飛行する場合、急に横行か蛇行すれば、予想未来位置を通過しないなどいくつかの原因があり、したがってこれに対応して常に正確で迅速な動作が高射砲隊に要求され、その測定には機敏な操作と操法で算定しなければならなかった。

発射された砲弾を飛んでいる飛行機に命中させることは非常にむずかしいが、必ずしも直撃でなくても、その周辺に多数の弾丸が集中破裂し、破片が当たって致命的な打撃を与えることが効果的であった。

砲弾が楕円錐状に破裂して広がり、花火のようにパッと花が咲く中に目標敵機が飛びこむというのがもっとも理想的な高射砲の射撃であった。

●四式七・五センチ野戦高射砲

陸軍の野戦用高射砲としては、八八式七・五センチ野戦高射砲が主力砲で各部隊に配備されていたが、戦争に突入してみると進歩した米軍機に対しては対空火砲として性能に不充分なところがあった。

昭和初期の設計である八八式七・五センチ高射砲の初速七二〇メートル程度では、高度、高速を誇る飛行機に対して命中を期待することは困難であった。どうしても初速を増加して、しかも使用が容易な新しい高射砲を作る必要にせまられたのであるが、野戦高射砲としては移動しやすくしなければならないという条件があった。

そのため火砲重量が適当で、なお射撃や運搬の両姿勢の転換が容易に行なわれる様な構造でなければ、敵機から急襲を受けた場合に間に合わない。

用兵側の高射砲部隊から八八式よりもさらに進歩した高射砲の要求が出されたが、そのような火砲がそう簡単に完成されるものではない。

いろいろと調査した結果、スウェーデンのボフォース高射砲の機構を取り入れてこれを採用することになった。

（上）四式七・五センチ高射砲の射撃姿勢。（下）同砲の牽引姿勢

当時、中国戦線では中国軍の装備高射砲として、同様なボフォース高射砲も使用しており、日本軍もこの高射砲を鹵獲していたから参考に日本へ送られた可能性は高い。

こうしたことから、ボフォース高射砲と同じ初速は八五〇メートルを得られる様に設計し、最大射高は一万一〇〇〇メートルとなった。

各種の試験を行な

った結果、操作性も良く、その他の点についても野戦高射砲としての性能を備えていたので、昭和十九年に皇紀年号を取り四式七・五センチ高射砲として制式に採用したのである。四式七・五センチ高射砲の弾薬としては、三式高射尖鋭弾と対戦車用に試製一式徹甲弾がもちいられ、対戦車砲撃も可能としていた。

高射砲の移動索引方式は、ボフォース砲と同じ脚は分解してたたみ、それに四輪を設置して移動可能とし、索引車には九八式六トン索引車を使用し、その運行速度は時速約四五キロであった。

この四式七・五センチ高射砲は、八八式にかわって部隊整備をすることになり、製造が開始されたが、わずかな数量が生産されたのみで終戦となり、高射砲隊期待の高射砲も米軍機に対して火門を開くことはなく終わってしまった。

モンスター重砲

●七年式三十センチ榴弾砲と九四式特殊重砲運搬車

大口径砲のパンチカ

日本陸軍が明治末期に計画し、大正七年に完成した巨大攻城砲に、七年式三十センチ榴弾砲がある。この砲は長砲と短砲とが作られ、固定式の要塞砲として、いくつかの海岸砲台に設置された。その後、時代の流れと共にこうした戦略構想も変化し、太平洋戦争時には対ソ戦を予想して、ソ満国境の虎頭要塞に配備され、ソ連軍に対しその砲門を開いた。また昭和二十年の本土決戦にそなえ、九十九里浜に配置されたとも伝えられる。

この巨大攻城砲開発のいきさつから、これを移動するために作られた特殊車両とを合わせて紹介しよう。

この七年式三十センチ（長・短）二種の榴弾砲開発の発端となったのは、明治三七、八年に日露戦争で活躍した攻城砲二八センチ榴弾砲をあげなければならない。

最初、日本軍が旅順攻撃に準備した攻城砲の種類は、十二センチ・カノン砲、十センチ半速射カノン砲、十五センチ榴弾砲、十二センチ榴弾砲、十五センチ臼砲などが主で、近代築城の粋を集めて作られた旅順要塞には、まったく歯が立たなかったといっても過言ではない。日本内地の要塞重砲を外して、旅順要塞の攻撃に使用する発想は、開戦前に由井光衛少佐（のち大将）が主張した。しかし、当時は十二センチ野砲でさえも、一つの戦いが終わるまで陣地変換をしないという運用思想が一般的であったため、巨大な二十八センチ榴弾砲を内地から戦地へ移動して使うことは問題にされなかったのである。

ところが開戦後、旅順要塞が非常に堅固なことが判明し、技術審査部長、有坂成章少将は研究の結果、一メートル五〇センチもの厚さのベトンを破壊するには、口径二二センチ以上の砲が必要であるという結論に達し、旅順要塞を攻略するには、二十八センチ榴弾砲が必要であると判断した。さらに検討した結果、攻城砲として使用することが可能であると結論した。

有坂少将は、尾野実信中佐と共に、参謀本部の関係者を説得し、ついに長岡外史参謀次長、寺内正毅陸軍大臣、山県有朋参謀総長の同意をえて、二十八センチ榴弾砲を旅順へ送付することになった。

二十八センチ砲を分解するだけでも相当日数がかかり、これを組み立て、据え付けて初弾を発射するまで約一、二ヵ月はかかるだろうとされていた。ところが実際に作業してみると、適切な指揮と輸送隊の努力によって、なんと二週間で据え付けを完了させた。

十月一日、軍司令官以下全将兵の期待を集めて、王家旬子付近の陣地から、二十八センチ榴弾砲は第一弾を発射した。この巨弾の破壊力はすさまじいものであったが、それにもまして命中精度もすぐれており、つぎつぎと大きな戦果を上げたのである。

七年式三十榴の開発

日露戦争での二十八センチ榴弾砲の戦果は陸軍に大きな影響をおよぼした。そしてそれ以上の威力をもつ火砲の必要性が高まってきた。当時ヨーロッパ諸国も大戦前の緊迫感から巨大口径の攻城砲の開発を進めていたことから、日本でもこれに負けまいとする意識があったこともいなめない。

陸軍は明治三十九年、三十センチ半の榴弾砲の企画をたて、翌四十年にはこれの設計が始められた。初め短砲身型を作るため、砲身素材をクルップ社に発注し、他の部分は大阪砲兵工廠で製作された。

砲は明治四十三年に完成し、何回かの試験を行なっていたが、四十五年の試験時に砲身が破損して研究は一時中止せざるを得なかった。これは砲の素材金質がややモロかったためである。大正三年にクルップ社に注文してあった砲身材料が到着し、これでもって新たに砲身以下揺架や他の部分も製作し、大正六年に完成、各種試験の結果、翌七年に七年式三十セン

七年式三十センチ榴弾砲・短

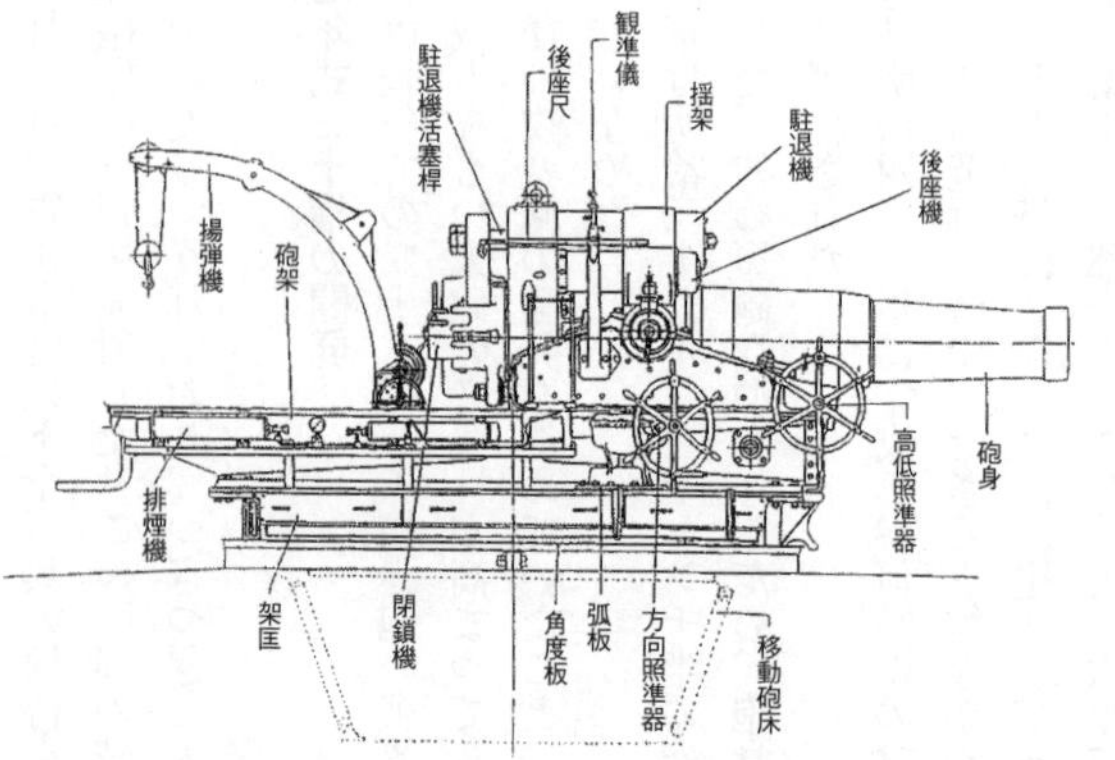

チ短榴弾砲として制式化された。

一方、この短榴弾砲の開発中、海外諸国の艦船が非常に発達したことに危惧し、短榴弾砲よりも長い射程を持つ要塞砲の製作を決定したのである。

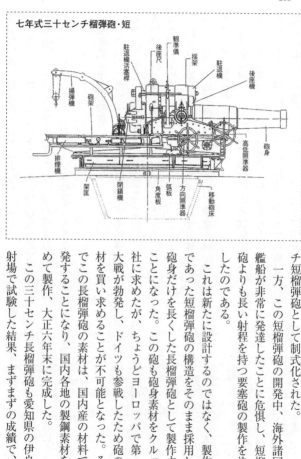

これは新たに設計するのではなく、製作中であった短榴弾砲の構造をそのまま採用し、砲身だけを長くした長榴弾砲として製作することになった。この砲も砲身素材をクルップ社に求めたが、ちょうどヨーロッパで第一次大戦が勃発し、ドイツも参戦したため砲の素材を買い求めることが不可能となった。そこでこの長榴弾砲の素材は、国内産の材料で開発することになり、国内各地の製鋼素材を集めて製作、大正六年末に完成した。

この三十センチ長榴弾砲も愛知県の伊良湖射場で試験した結果、まずまずの成績で、大

(上)運搬車に搭載された七年式三十センチ長榴弾砲の砲身
(中)同砲の揺架部分
(下)最大仰角をかけた同砲

きな欠点も見つからず、最大射程一万四〇〇〇メートルの性能をもつ要塞砲として、七年式三十センチ長榴弾砲の名称で、短榴弾砲と共に制式採用となったのである。

要塞砲としての配備は、七年式短榴弾砲は、豊予要塞の佐多岬第二砲台に、長榴弾砲の方は、東京湾洲崎第二、青森の津軽汐首第一と豊予高島第二砲台などにそなえつけられた。

要塞重砲の設置方法

七年式三十センチ榴弾砲（短・長）は元来、固定式の要塞砲として開発されたが、これを移動して要塞地帯に設置、または展開可能なように移動式組み立て砲床を新たに製作する必要にせまられ、また火砲自体も分解・運搬・結合できるよう改修された。

火砲は砲身と砲架、揺架、回転盤、砲床とだいたい五つの部分に分解され、これを九両の特殊重砲運搬車によって陣地へ運ばれる。当初、砲兵用力作器材は、主として海岸重砲である大口径火砲の据付・撤去もしくは中口径攻守城重砲の分解・結合などに使用したもので、人力運搬からやや機械化したものへと移りつつあった。

大口径砲用としては、一五トン起重機を用い、これは重量物の垂直移動を行なうため脚柱には適宜の木材を利用し、被吊物料に応ずる鉄製の単滑車、複滑車、鋼索などを使用した。

次の三〇トン水圧扛起機は重量物の少量の垂直移動に使用し、さらに神楽桟および修羅台は、板材、転子、まとい鋼を併用して起重機と協力し、あるいは単独で重量物の水平移動に使用した。これに鉄製横軸ろくろを用いて起重機と併用し、重量物の垂直移動に使用した。

三十榴が開発された当時は、明治年代の器材を利用していたが、七年式三十榴、および四五式火砲が次々と製作されるにつれ、新たに力作器材が整備されるにともない、逐次これを使用して運搬・移動するようになった。

三十榴を牽引する牽引車には、ホルト30型を改良したホルト・マルトクと呼ばれる牽引車を用い、砲身や揺架、砲架などの被牽引車（トレーラー）もホルト車を参考に牽引車数だけ製作された。

九四式特殊重砲運搬車

昭和六年の満州事変を契機に、三十榴の使用方法の検討が重ねられ、従来の海岸固定式を対ソ戦用にソ満国境のトーチカ陣地破壊用に応用する案が出された。また、要塞地帯の戦術変化から、これを抽出して他方に使用することも考えられた。

この三十榴の移動展開用に製作されたのが九四式特殊重砲運搬車である。開発当初は、「試製特殊運搬車」と呼ばれていたが、その後制式化され、九四式の名称をあたえられた。その開発概要には次のように書かれている。

七年式三十榴（短）および（長）は元来固定式の要塞砲であるが、これを移動して展開し得るため、四五式二十四榴に類似した移動式組み立て砲床を新設し、砲にも分解・組み立て

九五式一三トン牽引車に牽引される九四式特殊重砲運搬車

九五式一三トン牽引車

九四式特殊重砲運搬車の運行姿勢

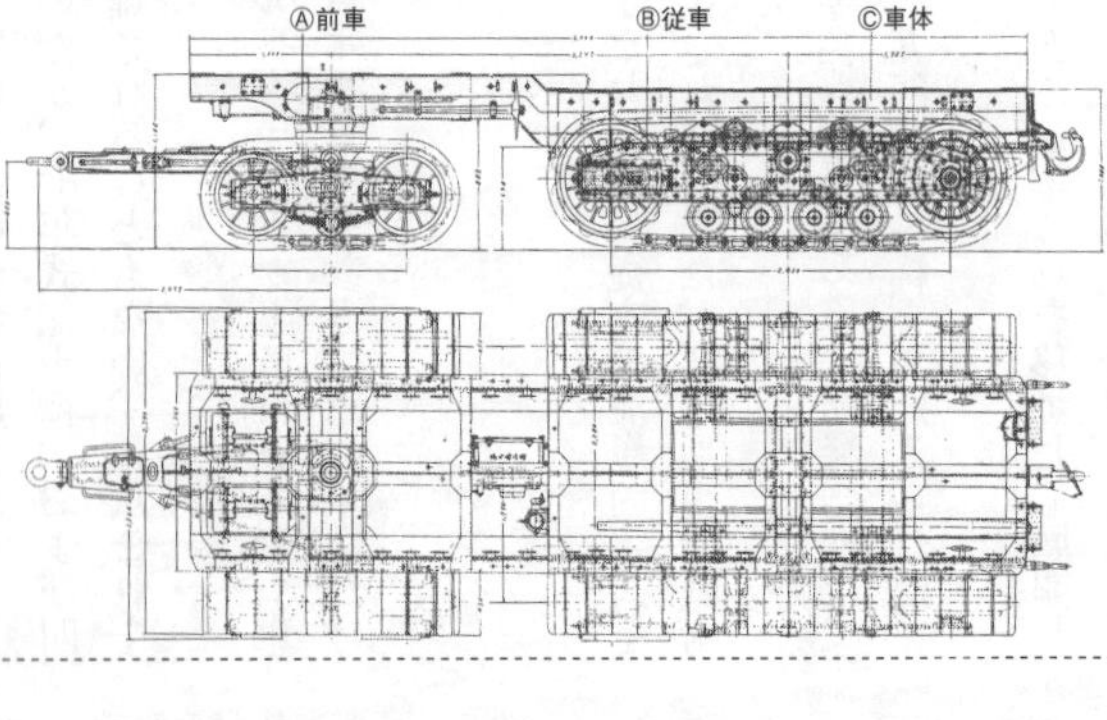

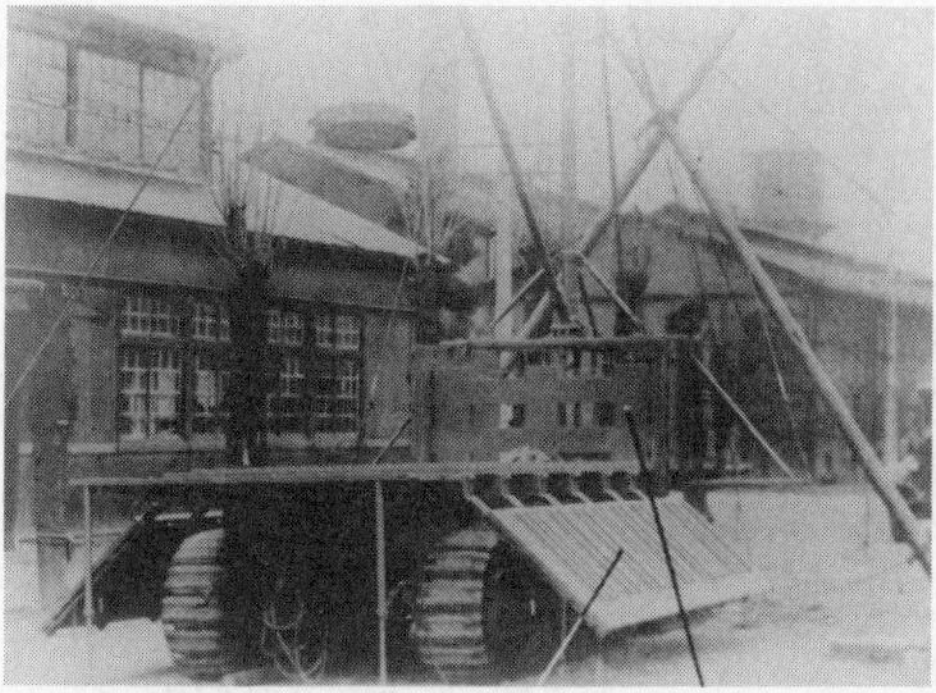

運搬車に装備される起重機

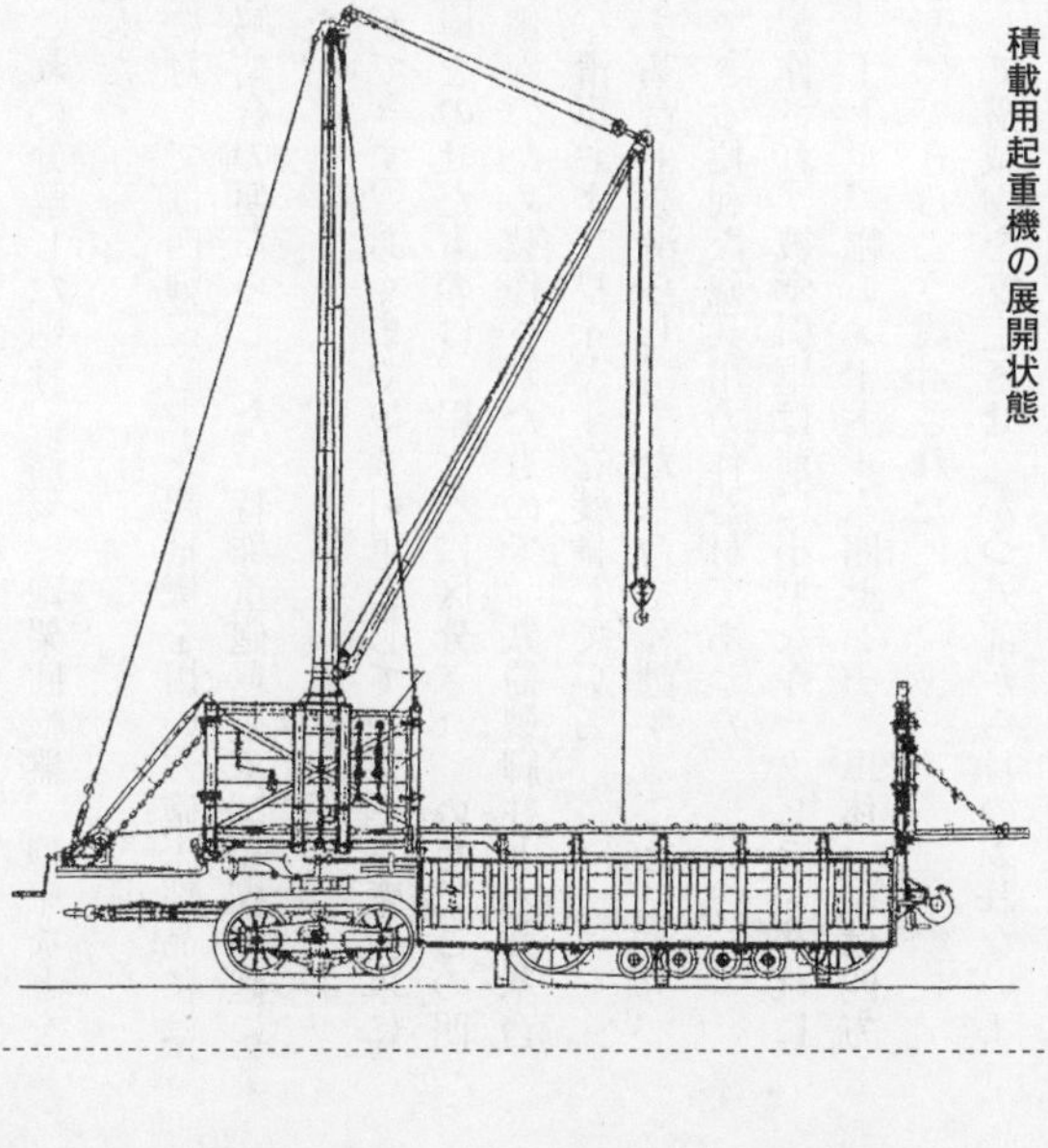

積載用起重機の展開状態

容易なよう若干の改修を加えた。運搬のためには重荷重に堪えるため、履帯（キャタピラ）付きの特殊重砲運搬車を研究製造し、これに分解した砲身、揺架、砲架回転盤、砲床などを分載し、九五式一三トン牽引車で牽引した。

また、分解・組み立てには、重材料に対しては四脚三〇トン起重機を用い、砲床部品には一トン起重機を砲床中心に立てて、分解結合の便ならしめた。特殊重砲運搬車は短榴弾砲には九両、長榴弾砲には一〇両を使用した。

この特殊運搬車は、自身で動くことができず、あくまで被牽引車として一三トン牽引車により牽引運行されるが、このうち起重機をのせたものは、甲と乙に区分されていた。この四脚三〇トン起重機は、七年式三十榴の備砲のため製作されたもので、鉄筒製脚柱と木製基台レール付きの二部分からなり、纏絡機、滑車およびワイヤーを装備している。

この起重機は、重量物を懸吊したまま基台上を滑らし、また基台を移動することにより、懸吊物の移動距離を大きく取ることのできる便利な砲兵用力作器材であった。

この特殊重砲牽引車は昭和八年から製作され、被牽引車は前に小型なキャタピラ、後部に大きなキャタピラ車が付き、全長約六メートル、幅二メートル六四センチ、車体上には四方側面に開く架台となって火砲の搭載を楽にできるよう設計された。

搭載後の運用時にはこの架台を起こして搭載物を安定させ、かつ外部から目のふれないようになっていた。また、三十榴のような重量物を運ぶため、そのキャタピラ幅も、ホルト車を参考に大きくがんじょうに作られ、その幅も二・二メートルである。

被牽引車の運行時は、延長した起重機も折りたたまれて、車両の背に収容される。キャタピラをささえる転輪も大きくがんじょうに作られており、その反面、この特殊牽引車の走行テストでは、当時の日本の道路はまだ十分整備されておらず、テスト運行時、道路や木橋などを破壊してしまったと伝えられる。

大陸に転用された巨砲

三十榴（短）を特殊重砲運搬車九両に搭載、運搬した場合、その機動性は通常道路で時速二〇キロに達した。

七年式三十榴は国内各地要塞地帯に、海岸備砲として備砲作業を行なった場合、長距離の地上移動を行なう時には、従来どおり神楽桟や修羅台を利用し、転子などにより重量物の水平移動を行なっていた。

要塞地帯の備砲作業は、地面を平らに整地し、直径九メートル、深さ一・三メートルの砲床壕を掘開し、中心部に一トン起重機を立てて砲床材料を組み立てる。その後、被牽引車にある四脚三〇トン起重機によって、砲を下ろし、下から回転盤、砲架、揺架、砲身などを順序よく据えつけて行く。この一門の備砲に使用する時間は、昼間で約一五時間、夜間作業では約二〇時間を標準としたが、実際夜間作業は難儀したという。

この七年式三十榴（短）と（長）は、製造された数は従来の火砲と異なって意外と少ないが、それでも大正末期から太平洋戦争中まで各地の要塞に備砲として据え付けられ、戦術思想の変更により、各地域でも撤去や転用が行なわれた。

豊予要塞を例に取ると、本要塞設置目的は豊予海峡の主要航路である東水道を防備するにあった。

高島第二砲台は大正十三年に竣工し、七年式三十センチ長榴弾砲四門の編成で同年十二月に据え付けを完了した。これは一門ごとの砲座を作り、各砲座間を高いコンクリートで区切り、その上に積土した。横壁の下に地下砲側庫と各砲座間の連絡地下道を設け、弾薬庫は砲台北約一〇〇メートルのトンネルを作り、右と左側に掩護十分な四個の地下弾薬庫を構築した。

津軽（函館）の汐首岬砲台には、昭和八年三月に三十榴長榴弾砲四門編成の砲台を設置、竜飛崎砲台や白神岬砲台にも三十榴四門編成の砲台建設計画もあったが、これは実現されなかった。

また、ソ満国境虎頭要塞にも三十榴が設置され、昭和十三年には阿城重砲兵連隊に四門、十五年には新設された東寧重砲兵連隊にも四門が装備されるなど、対ソ戦防備のため七年式三十センチ榴弾砲がソ連軍陣地をにらんでいたのである。

ほかには、朝鮮の釜山（鎮海湾）要塞の湾口にも三十五カノン六門、三十榴四門の砲台を新設して朝鮮海峡系要塞の一環とする計画であったが、のちに砲塔四十カノン四門や十五カノン四門に変更となり、絶影島にも三十榴四門を備砲する計画であったが、これも装備するにいたらずに戦争は終了した。

四十一センチ榴弾砲の破壊力

●ソ連軍の進攻を食い止めるべく放たれた巨弾の威力

切り札的な各種重砲

ソ連軍は昭和十年以降、ソ満国境の陣地を固めつつあり、昭和十三年頃からウスリー方面の後方陣地、ウスリー鉄道東方約六〇キロ、タウゼ河谷におよぶ外海岸線の上陸可能な地点に全般にわたって防御施設を構築し、沿海州は五〇〇キロ、縦深約一〇〇キロにわたる近代要塞の形態をとるようになった。

一方、関東軍もこれに対応して、昭和十三年以降、国境陣地の増強を企画し、五家子、鹿鳴台、観見台、庙嶺および法別拉などの五地区に永久陣地を構成し、十五年には、これらの地域にそれぞれ第九から第十三国境守備を配備し、満ソ国境の戦略要点における兵備を完成した。しかし、これらの守備隊編成を見ると、火砲装備は野戦向きのものであり、やや若干の重砲を配置するのにとどまっていた。

この様に満州国の国境陣地は、東方正面にあっては攻勢作戦の拠点とし、北方や西方正面では一時的な持久作戦を行なうため構築されたものである。従って、その砲兵装備はいずれも野戦用の重砲や軽火砲を主体とし、攻勢作戦をとる場合は、作戦計画に基づいて大威力の重砲や兵団の動員部隊をもって、これにあてる方針であった。

これに対し、ソ連軍は東方陣地を年々強化しつつあったので、日本陸軍はこれに対応するため大威力を持つ重砲を展開する必要性を感じ、昭和十四年に二十四センチ榴弾砲を二コ大隊（八門）、三十センチ榴弾砲一コ大隊（四門）よりなる重砲兵連隊を東寧に常設し、国境陣地内にその砲兵陣地を構築して急速な展開を準備すると共に、三十センチ榴弾砲に対しては隠密に砲の備えつけを完了して有事の日に備えた。

その他、ソ連陣地正面にあたる東寧および綏芬河方面の国境陣地付近にも作戦上使用を予定される他の大威力重砲（二十四榴、三十榴および十五加農砲）などの陣地を構築した。国境陣地に配備した砲兵兵備はわずかなものであっても、作戦発起の時期における兵備はすこぶる強大として、二十四榴十数門、三十榴および十五センチ加農砲を配置することになった。

昭和十五年からは、その作戦計画をさらに進め、虎頭方面にも有力な兵備を行なうことになったので、同十六年に実施された関特演（関東軍特別大演習）による兵力の増強と共に、虎頭方面の国境陣地に対し、さらに四十センチ榴弾砲および二十四センチ列車加農砲各一門を増備するにいたった。

　この四十榴および列車加農砲は従来、陸軍技術本部の富津射場におかれた陸軍最大口径もしくは最大射程砲であり、これを虎頭方面に転用したのはウスリー鉄道の火制を主眼とし、陸軍がこの正面の作戦をいかに重視していたか察知することができよう。

展開が容易な大威力火砲

　国境に配備された大威力火砲とは、四十一センチ榴弾砲、三十センチ榴弾砲および二十四センチ列車加農砲である。この三十榴と四十一榴の概略を述べてみよう。

　明治三十七、八年の日露戦争に投入された二十八センチ榴弾砲は旅順戦において、二〇三高地からロシア艦船を攻撃し、多大な戦果を挙げたが、戦闘後の調査で完全にロシアの軍艦の甲板を貫いて、これを沈めたのは数隻にすぎなかった。

　元来、海岸要塞砲はつねに軍艦の艦載砲と同等に進歩発展をとげ、敵艦と交戦してこれを駆逐するか、もしくは撃沈するのを主目的とする。この様なことから海岸備砲には攻城砲二十八センチ榴弾砲以上の威力を持つ火砲の必要性が高まり、明治三十九年に三〇センチ級の榴弾砲の制定が建議され、翌年にはこの開発が定められた。

　三〇センチ（実際の口径は三〇五ミリ）砲は明治四十年四月から設計が始められ、八月にはほぼ設計が完了したので、砲身素材を外国に発注し、大阪砲兵工廠で製作した。試作砲は四十三年五月に竣工し、それを基に各種の試験を行なうことになり、四十三年から四十五年

（上）七年式三十センチ長榴弾砲。（下）組み立て設置中の同砲

の間に機能や照準機などの技術テストを数回にわたって行なった結果、当の試作砲が破損してしまい、研究は一時中止せざるを得なかった。

こうした結果、改めて製作することになり大正三年、クルップ社から砲身素材の一部が到着したが、後の部分はドイツが第一次大戦に突入したため、ふたたび三十榴の開発を中止することになる。しかし要塞備砲としてこれをやめるわけにもいかず、国内各社から素材を集め、大正五年五月より砲身、揺架、次に各部分の製作も行ない、大正六年にやっと火砲の完成を見ることができた。

第二次試験は同年二月から第一回、第二回と機能や弾道試験を行ない、大正七年に行なったテスト結果から、実用に適する火砲と認められ、同年十一月に制式火砲「七年式三十センチ榴弾砲」として採用になった。当初製作した砲は短砲だったが、その後、砲身の長い長砲も完成し、試験成果が良好なため長、短共にこれを上申し、「七年式三十センチ榴弾砲短・長」となった。

三十榴は主に我が国の海岸要塞に設置するため開発された固定砲床の火砲だったが、昭和八年に砲の移動性を考慮した移動砲床が開発され、要塞設置の便がよいよう、分解結合も改修された。このことにより太平洋戦争時はレイテ戦などに使用される結果につながっていったものであろう。

巨大重砲の輸送計画

日本陸軍が開発した最大口径を持つ火砲がこの四十一センチ榴弾砲である。これの兵器研究方針は大正九年に定められ、この火砲も海岸要塞に設置する目的で始められた。

ヨーロッパで勃発した第一次大戦では、フランスのヴェルダン要塞戦や各地域に置かれた堡塁との攻防のため、ドイツやフランス、イタリアまでも大口径の大威力火砲を次々と登場

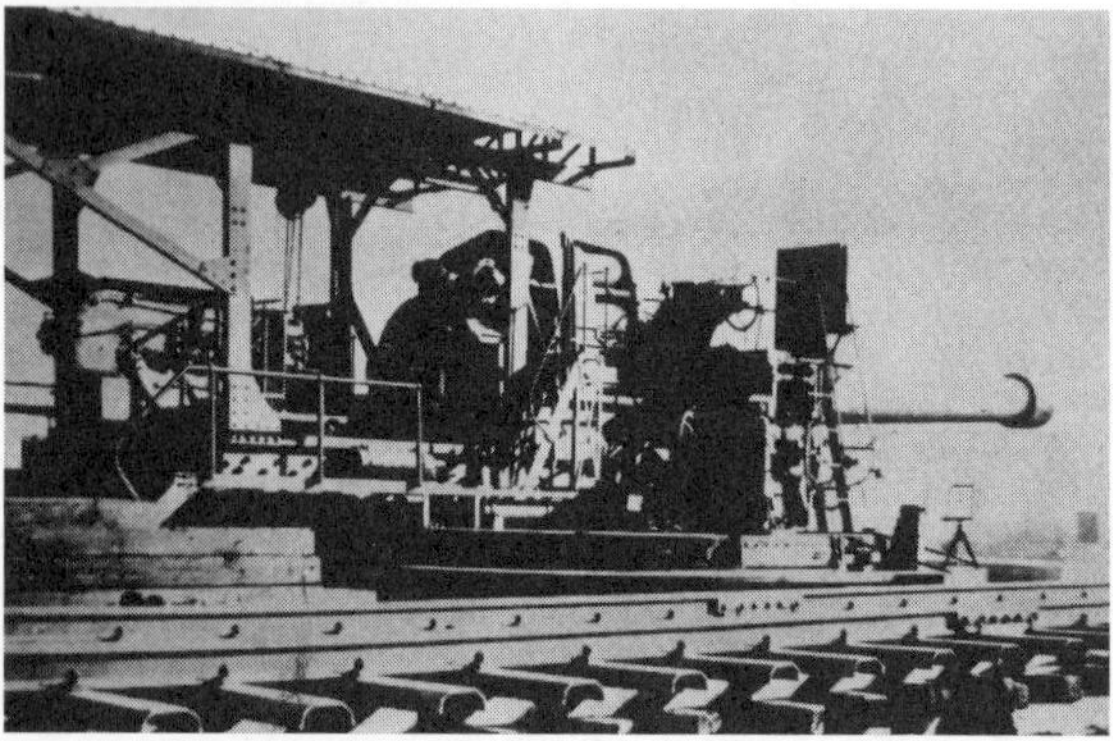

四十一センチ榴弾砲

させ、世界的にも巨砲への関心が高い時代でもあった。

我が国でもそれにならい、先の三十榴に次ぐ巨砲を開発する意識に燃え、最大射程二万メートルを狙う口径四一センチの榴弾砲を試製する計画がたてられた。大正十年に設計が着手され、これの素材と各部は日本製鋼所に発注すると共に、大阪砲兵工廠でも製作と組み立てが行なわれ、大体の火砲が竣工したのは大正十五年八月のことであった。

竣工後、技術本部の審査を終え、初の射撃試験を行なうことになり、千葉の富津射場へ輸送したが、砲身部分が房総線のカーブに引っかかり、結局木更津から船で運ぶことになり、射場に砲座を作って組み立て、射撃テストにのぞむことになる。

射撃テストは当初いくつかのトラブルを発生し、さらには閉鎖機が圧着するなどの事故もあったが、砲身自体には異常もみられず、予定どおり初速、腔圧、弾道の各試験は無事終了した。

四十一センチ榴弾砲の砲台築城予想図

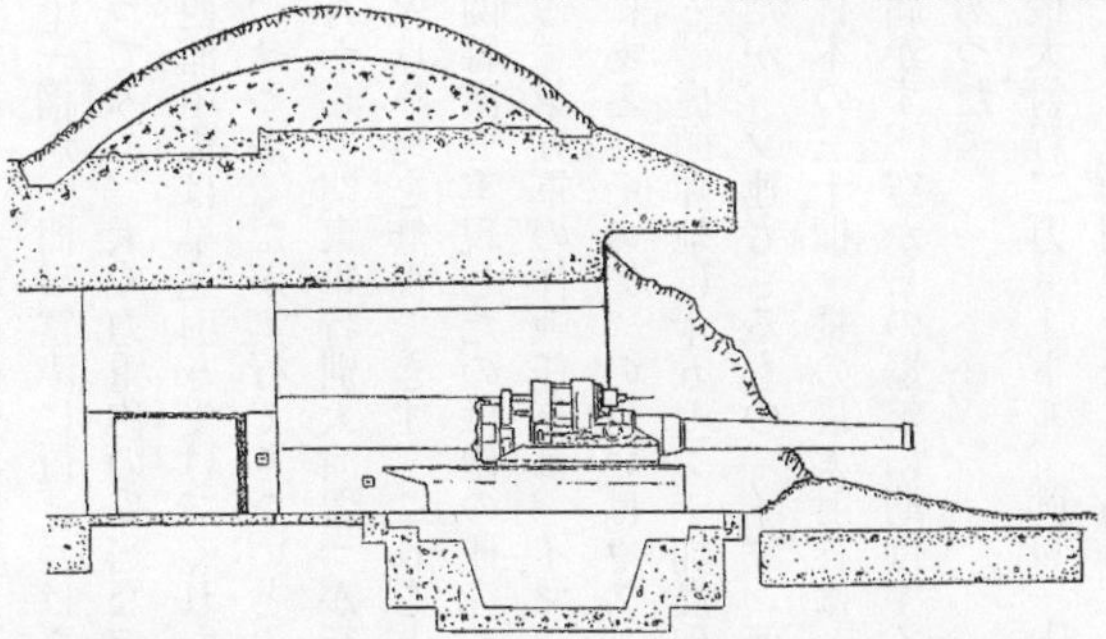

四十一榴は開発目的から当初、要塞火砲として要塞地帯に配備する予定であったが、大正十年のワシントン軍縮会議によって海軍の建造中の戦艦や主力艦の一部も製造が制限され、その艦載砲を海岸要塞備砲へと陸軍に保管転換されたため、これらの艦載砲を要塞備砲として使用することになり、せっかく作った四十一榴の使用出番はなくなってしまったのである。

四十一センチ榴弾砲は射撃試験が終わったものの、要塞配備が定まらないまま、富津に据え付け格納の形で置かれていた。昭和十六年三月頃から陸技本秘乙号によっていくつかの研究と改修が連続的に行なわれていたが、これらは海岸固定砲から、陸地火砲への転用を考えられていたものである。

昭和十六年五月、陸軍軍事課の西浦中佐が在満砲兵部隊の阿城重砲兵連隊を訪問した。このときの話し合いは満州、とくに国境における砲兵に関するものであった。阿城重砲兵連隊での考えは、重砲の現地適応の研究であり、それに必要なデータを出したいと思っている。大正末年に大阪工廠で試作した四十一榴が一門、富津に置きっぱなしにしてある。あれを送ってくれないか。阿城で充分に撃ってみて、大威力重砲の妥当なデータを研究してみようというものであった。

西浦中佐は早速引き受けてくれたが、帰京後の便りで、輸送費だけで一〇〇万円かかるから、せっかくだが実行できないとの断わりである。これで中止となっていたが、同十六年の七月から「関東軍特別大演習」が行なわれ、この時も満州の国境作戦では何としてもソ連の特火点陣地を無視できず、これをどうやって制圧するかが真剣な大問題であった。

関特演で実現したのは砲の研究や試験ではなく、虎頭要塞の備砲に貰うことになったのである。第五軍の作戦任務は、イマン付近でウスリー河沿いのソ連の南北連絡線を遮断することにある。その第一の狙いはウスリー鉄道の運行阻止、イマン河の鉄橋破壊は恰好の目標である。虎頭陣地に十五センチ加農砲、特に三十センチ長榴弾砲を配置したのはそのためであったが、ソ連もさるもの、イマン河上流に迂回線を設けて鉄橋を二重に敷設した。これに対し日本の三十榴・長の最大射程は一万五二〇〇メートルで、手前の線はよいが遠い方には手が届かず、空からの爆撃に期待するほかはなかった。そこで内地にある四十一榴を貰うことであった。

最大射程二万メートル、弾量一トン、三十榴の四〇〇キロとは比較ならぬ威力で一発命中したら、成功間違いなしである。これは作戦上の絶対要請だから輸送費の一〇〇万円は問題なかろうと注文したという。

東満要塞線の左翼拠点、虎頭の地下要塞は大湿地帯の草原にある四つの丘陵——猛虎、虎東、虎北、虎嘯の山々に作られ、底には巨大なトンネルが掘られ、表面の出入口にはそれぞれ銃眼、砲門、逆襲口、観測所などに向かって通路が放射状にのびており、地下に兵舎、弾薬庫、発電所などが配置されている。

各山の四地区に分かれた要塞は、独立した穹窖《きゆうこう》（弓型の穴蔵）が建設され、内地から輸送された四十一榴は猛虎原巨砲陣地に収容されていた。これは西猛虎山の西北のふもとに位置し、半地下施設のため、とくに堅固であった。

地上一五メートル直径三〇メートルにある巨大な半球形砲塔は、厚さ四メートルにおよぶ鉄筋コンクリート製天蓋で、これが大口径砲（通称丸二）の掩蓋であった。ちなみに虎頭では四十一榴を「丸一」、二十四榴を「丸二」三十榴を「丸卜」と呼称していた。

四十一榴の砲弾は直径四一センチ、長さ一二〇センチで、炸薬は約四メートル余りあり、人力では運ぶことはむずかしい。砲弾は特殊な地下電動軌道によって弾薬庫から砲塔に運搬され、一連の機械によって自動的に薬室に装填されるのであった。

昭和二十年八月八日、ソ連軍は対日戦の通告もないまま虎頭要塞を攻撃してきた。これに対し日本軍は、守備隊員一五〇〇名、装備は四十一榴一門、三十榴、二十四センチ榴弾砲各三門、十五センチ加農砲六門、それに野砲、速射砲、迫撃砲など計二四門という劣勢だった。しかし日本軍もこれに対して反撃に出た。砲兵隊の兵士は教わった通り四十一榴の弾を運びこみ、巨大な炸薬二本を装塡した。そして第一弾が発射された。兵士たちの目はくらみ、鼓膜はほとんど破れたと思った。

砲塔前面の林はえぐりとばされ、異様な火焔に包まれた旋風が西猛虎山頂に走ったと見るや、頂上の保護林が巨弾の弾道に吹い込まれて根こそぎ上空に吹き飛んだ。土煙りが上がり、大口径砲は発射と同時に、一瞬にして三メートルも後退し、恐ろしいうなりを立ててふたたび元にかえった。

一弾の発射後、ただちに次の砲弾が送り込まれ、次いで炸薬が入った。数回発射すると砲手は顔面が青ざめ、別の者と交替しなければならぬほどであった。四十一榴の大口径発射の一発目がイマン鉄橋三双アーチ北端に落下し、水柱がなくなった時に、折れて河上にぶら下った橋桁が望見できたのである。

そして、昭和二十年八月二十六日、虎頭要塞はついに全滅した。

米軍の上陸を阻止せよ 三十榴の戦闘

太平洋戦争も昭和十九年に入って、戦局もますます悪化となり、満州の国境地帯に配備されていた砲兵部隊も南方へ転用することになり、綏南にあった独立重砲兵第四大隊の大石中

大石部隊の七年式三十センチ短榴弾砲

佐は三十センチ榴弾砲二門が国境陣地に据え付けられているため、この火砲を撤去し、列車に搭載して牡丹江〜京城を経由して釜山に到着した。

火砲の船舶搭載は、各船に一門ずつ分乗して被害を少なくしたが、三十榴は超重量物でもあり、船舶のクレーンでは積み込みできず、重量物用のクレーン船で積み込んだ。

第四大隊は比島上陸後、黒田中将指揮下の比島第十四軍に編入され、その任務は主力火砲二門をリンガエン湾地区、一部一門をバタンガス湾地区の陣地を占領し、米軍の上陸阻止にあたることになった。

部隊は戦闘経過によって各部隊に分散されたが、昭和二十年一月、サンファンビアン上陸地点の射撃は、米軍の橋頭堡の重要地点を砲撃し、大戦果を挙げた。

この防御戦闘は予想する重要地点に、いつでも実射が可能なように射撃諸元を準備していたもので、これが意外と効を奏し、この戦闘に対し予想以上の戦果を挙げ、第十四方面軍司令官・山下奉文大将から感状をいただいたものである。

NF文庫

日本陸軍の大砲

二〇一七年九月 十九 日 印刷
二〇一七年九月二十三日 発行

著 者 高橋 昇
発行者 高城直一

発行所 株式会社潮書房光人社
〒102-0073 東京都千代田区九段北一-九-十一
振替/〇〇一七〇-六-五四六九三
電話/〇三-三二六五-一八六四(代)
印刷所 慶昌堂印刷株式会社
製本所 東 京 美 術 紙 工
定価はカバーに表示してあります
乱丁・落丁のものはお取りかえ
致します。本文は中性紙を使用

ISBN978-4-7698-3026-9 C0195
http://www.kojinsha.co.jp

NF文庫

刊行のことば

第二次世界大戦の戦火が熄《や》んで五〇年——その間、小社は夥しい数の戦争の記録を渉猟し、発掘し、常に公正なる立場を貫いて書誌とし、大方の絶讃を博して今日に及ぶが、その源は、散華された世代への熱き思い入れであり、同時に、その記録を誌して平和の礎とし、後世に伝えんとするにある。

小社の出版物は、戦記、伝記、文学、エッセイ、写真集、その他、すでに一、〇〇〇点を越え、加えて戦後五〇年になんなんとするを契機として、「光人社NF（ノンフィクション）文庫」を創刊して、読者諸賢の熱烈要望におこたえする次第である。人生のバイブルとして、心弱きときの活性の糧《かて》として、散華の世代からの感動の肉声に、あなたもぜひ、耳を傾けて下さい。